U0352215

Learning By Design
Live/Play/Engage/ Create

重新设计学习
和教学空间

设计利于活动/游戏/学习/创造的学习环境

[美] 普拉卡什·奈尔 Prakash Nair　　罗尼·齐默·多克托里 Roni Zimmer Doctori

理查德·埃尔莫尔 Richard Elmore　　著　　　　　　林文静　译

中国青年出版社
CHINA YOUTH PRESS

图书在版编目（CIP）数据

重新设计学习和教学空间：设计利于活动、游戏、学习、创造的学习环境 /
（美）普拉卡什·奈尔，（美）罗尼·齐默·多克托里，（美）理查德·埃尔莫尔著；林文静译.
—北京：中国青年出版社，2020.8
书名原文：Learning By Design：Live/Play/Engage/Create
ISBN 978-7-5153-6044-7

Ⅰ.①重… Ⅱ.①普… ②罗… ③理… ④林… Ⅲ.①教育建筑—建筑设计 Ⅳ.①TU244

中国版本图书馆CIP数据核字（2020）第092296号

重新设计学习和教学空间：
设计利于活动、游戏、学习、创造的学习环境

作　　者：［美］普拉卡什·奈尔　罗尼·齐默·多克托里
　　　　　理查德·埃尔莫尔
译　　者：林文静
责任编辑：周　红
美术编辑：杜雨萃
出　　版：中国青年出版社
发　　行：北京中青文文化传媒有限公司
电　　话：010-65511272/65516873
公司网址：www.cyb.com.cn
购书网址：zqwts.tmall.com
印　　刷：大厂回族自治县益利印刷有限公司
版　　次：2020年8月第1版
印　　次：2023年7月第3次印刷
开　　本：787mm×1092mm　　1/16
字　　数：139千字
印　　张：16
京权图字：01-2019-6512
书　　号：ISBN 978-7-5153-6044-7
定　　价：49.90元

目录
CONTENTS

第一部分

设计利于活动、游戏、学习与创造的场景

第二部分

学习和设计的挑战

海蒂·海耶斯·雅各布斯
FOREWORD

"我们是建筑师！我们是教育工作者！"普拉卡什·奈尔和罗尼·齐默尔·多克托里胸有成竹地宣告；大家手头上的这本书《重新设计学习和教学空间》正是他们以设计师和行家的视角撰写的。带着热情、结合实用性及想象力，奈尔和多克托里引领读者深入探索当代学习者的各种学习情境与机遇，这样的探索令人受益匪浅。他们鼓励我们设想在一个重新构想的学校环境中，现代学习是什么样的，而且应该呈现什么样子。

本书作者是出类拔萃的建筑专家，书籍的编排体现的设计思想与经验令人耳目一新。作者首先概述好的空间设计应具备哪些构成，紧接着探索四种颇具影响力的转变，引导我们思考新的学校设计模式：

- 教学实践：从孤军奋战到团队合作；
- 教学法：从以老师为中心到以学生为中心；
- 课程：从各自为阵的科目到跨学科课程；
- 学习社区：从单一教室到联成网络。

这些转变，促使读者在阅读过程中思考学习者的世界。尤其让我眼前一亮的是，作者想让我们在学校学习和工作时感到自在，即构建我们对学习内在的渴望与能力。作者强调我们是"学习的有机体，无需被教导如何学习"。带着这样的理念，奈尔和多克托里围绕四种通俗易懂的元素——活动、游戏、学习与创造——阐释他们的视角。帮我们审视如何在课程和教学规划中实践

> 如何在孩子们和年轻人的世界培养"活动、游戏、学习与创造"也是本书的核心。

这些根本的信条。如何在孩子们和年轻人的世界培养"活动、游戏、学习与创造"也是本书的核心。奈尔和多克托里通过举例及列清单的方式简练明了地剖析这四种元素。我们从中看到关于游戏、交际、饮食、园艺以及学业的每一项决定如何在四种元素中体现，并以此激发学生的学习动力。

剖析这些元素之后，本书便直接深入审视如何让某个场景（也许是你所在的场景）产生转变。简单回顾美国学校生活的发展史，我们了解到的是一个世纪以来美国的学校依然一成不变。成长和变革的时机已经成熟。作为进步的教育工作者，我们应该把新思想带到学校设计中来。奈尔和多克托里提议我们考虑一些大胆的想法，诸如把资本投入作为转变的催化剂。他们也提及这样的转变需要一个体系化的过程，让"正确的人"参与探索、研究及发现新选择；另外大师级的策略方案涵盖了全面的教育规划——从基础结构到学科联结的课程设计。让我感到激动的是，回顾本书前面的章节能够看到"活动、游戏、学习与创造"直接渗透于策略方案的每个构成。随着时间推移，本书的作者见证了变革逐步、稳定地实行、发展，管理层也同时做出相应的改变，在书中"未来教育的探路者，坚定迈出第一步"这一章节有详细、生动的论证。

奈尔和多克托里为我们举了一系列学校的例子，并通过一系列问题带领我们探索这些真实场景的情况。什么是灵活的学习环境？这样的环境如何影响学习？如何为学习者分组、安排他们的时间，同时让他们与灵活的空间联结？奈尔和多克托里一一探究这些根本的问题，并将对这些问题的解答整合在一起来提供解决方案。基于此，我们了解并确认学校实现现代化且尊重学习者是可以做到的。作者提供的这些案例分析给我们带来了希望和灵感。

除此之外，本书还有个特殊编排：奈尔和多克托里邀请理查德·F. 埃尔莫尔博士为本书撰写最后一章；埃尔莫尔博士享誉国际，也是影响深远的教育思想家之一。他撰写的"学习和设计的挑战"这一部分，让我们了解"学习机构"转变的可能性。埃尔莫尔围绕五个关键的提议展开讨论，

埃尔莫尔用他的妙笔让我们看清，"反转上学和学习的关系"将转变教育根深蒂固的观念。

为读者分析了学习模式和情境的四等分框架，然后提出一组富有活力的设计原则来强调奈尔和多克托里在本书前面提议的规划过程。埃尔莫尔用他的妙笔让我们看清，"反转上学和学习的关系"将转变教育根深蒂固的观念。埃尔莫尔的思想是睿智的，他所撰写的章节为本书讨论的议题增添了深度，令人大开眼界、回味不已。

　　这本《重新设计学习和教学空间》如同一位活力四射且深思熟虑的向导，鼓舞并引导教育工作者、社区和学习者开展转变。是的，我们都是建筑师！我们都是教育工作者！

　　海蒂·海耶斯·雅各布斯，博士，课程设计机构的创始人和主席，获得西班牙MAIS国际教育奖。

引言
从过去到未来
INTRODUCTION

　　不言而喻，自从互联网成了生活不可或缺、密不可分的一部分，学校作为教授学习内容和知识的地方，这一初衷显然不再适用。现今任何人通过网络都可以向世界知名专家学习，而且这样的学习还能实现个性化与量身定制。如此，由一位老师把学习内容教给一群各不相同的孩子们，这样的教学方式还有胜算吗？如果学校存在的主要缘由不再是教授通用的"内容"，那么学校

1 孩子们不是小大人。学校的主要工作是给学生提供探索他们周围世界的机会。快乐而投入的学生，毕业后必将所学的技能运用到工作生活中，成为社会有用之人，过上幸福、充实的人生。

2 学习的"能力"始于一个关键元素——好奇。学习环境应该给孩子们提供满足他们好奇心的多种机会。

图为佛罗里达圣彼得堡肖雷斯特预备学校的早教中心。

为何存在？倘若学校的使命落后于时代潮流，那么我们为何还需要学校？这些问题引人深思。现实情况是，由于社会结构的原因，只有一小部分家长能够让孩子远离学校、在家里受教育；大部分家长白天得去工作，这时需要学校这样的地方让孩子们待着。

这意味着现代社会仍为学校保留它的位置，即为孩子们提供监护的服务。问题是：既然无论如何我们都要把孩子们送到学校，那么学校能够成为什么样的场所，从而让孩子们在里面自如自在？我们对人类发展的了解指向一个简单的事实——孩子们不是小大人。学校不应该只为孩子们的人生做准备，因为学校此时此刻就是他们的人生。作为成人，我们需要孩子们每天在学校度过的时光尽可能美好，关于孩子们当下活得快乐与他们未来成功，我们无需在这两条道路之间做选择。因为快乐而投入的学生，毕业后必将所学的技能运用到工作生活中，成为社会有用之人，过上幸福、充实的人生。

神经科学最有趣的发现之一是，学习并不是授课直接产生的结果。本书

的合著者、知名哈佛大学教授理查
德·埃尔莫尔说："学习是在经验与
知识面前有意识地逐渐改变理解、态
度和信念的能力。"这个学习的"能力"
始于一个关键要素——好奇。好奇促

> 如果学校存在的主要缘由
> 不再是教授通用的"内容"，
> 那么学校为何存在？

使学生"有意识地改变理解、态度和信念"。当学生首先确信某个物件或事件
有另一个更加可信的视角，进而感到好奇并有动力想了解另外的这个观念是
什么，在这样的情况下，他们将改变自己现有的世界观。我们作为成人应该
创造条件引导孩子们提问，并让他们自由地探索周围的世界，从而找到自己
的答案。

教育面向未来

我们在此讨论的学校并不是一些全新的创意。它们代表过往开展学习的方
式，早于现有学校模式的产生。大家熟知的主流"教室与铃声"学校模型（学

3 从小小年纪开始，动手实践便是学习最有效的方式。不管孩子们多小，如果让他们完成有意义的任务，他们就会很有动力。让孩子们作为"实习生"，和这些具备专业领域知识的成人一起动手实践，这样孩子们掌握技艺就有了动力。

> 我们在本书讨论的学校并不是一些全新的创意。它们代表过往开展学习的方式，早于现有学校模式的产生。

生的学校生活始于一间教室，当铃声响起大家进入另一间教室），事实上是工业革命的产物。它的理念是教育可以在一个类似工厂的场所批量生产"受教育"的学生，让他们做好准备面对大学和事业。

当然，我们现如今知道这样的模式有根本性的错误，因为没有两名学生是相同的，所以，让他们接受同样的"过程"不可能产生同样的结果。倘若大部分高中生一毕业就能进工厂工作，那么这个占主导地位的教育模式展露的缺陷就不那么明显。工厂的活计仅仅需要非常基本的入门级技能，员工们基本上只需能识字、能够遵守命令，雇主们将因这样的劳动力受益。高中生一毕业就能从事一份有体面收入的工厂工作，这样的世界已不再存在。学校转型的必要性越来越强烈。

因此，我们要讨论的是一个新的模型，事实上这个模型看起来很像几百

4 传统的教室是"教室与铃声"的教育模型。作为现代教育的一个场所，这样的模型存在根本性缺陷。由于它夸大了以老师为主导的教学，学生可以体验的学习形式受到严重限制。

年前的学徒拜师学艺，那时工厂模式的学校尚未出现。我们在本书将详细地展示这个模型。从这个意义上来说，我们将回到这样一个模型，即学习意味着习得、展示、掌握经典的、实际可行的技能。

通过设计提升学习

"学习与设计"有两个关键的主题——学习、设计。"设计"这个词代表学校的实体设计，但也可以被解读为"意向"。关于教育的未来，我们要有所"意向"，然后落实"意向"需要的所有元素。对我们而言，最可见甚至最有影响力的教育体验是孩子们所处的环境，即在孩子们处于成长中、最容易受影响的几年安置他们的环境。学校让一群群孩子和一位老师共处一间教室，这样的安排足以说明我们对学校的期待。我们确信实体学校的设置已经妨碍教育工作者声称为孩子们着想的所有学习目标。举两个词为例——个性化以及合作。对于实现教育的个性化以及团队合作而言，教室是最糟糕的场所。而且当这两个词延伸到教师，在基于教室的学校模型中，实现个性化与合作的希望更加渺茫。

> 最有影响力的教育体验是孩子们所处的环境，即我们在孩子们处于成长中、最容易受影响的几年安置他们的环境。

不管过去运营得成功与否，教育机构坚持认为它的存在为孩子们和青少年的学习需求提供最好的服务，从而让他们成为社会富有创造性的成员。和任何大型企业一样，教育界也有一大批专家，所有这些专家都应该朝共同的方向发展，而其中建筑师的角色则为教育界人士创造了一个相应的教育环境。

在这么一个急速变化的世界，关于学习和大脑的最基本的网络研究，告诉我们需要彻底和重新思考如何教育孩子。既然空间是"容器"，任何教育新模型都应该适用，我们感到有必要了解"学习研究"和神经学这个新世界。

> 高中生一毕业就能从事一份有体面收入的工厂工作，这样的世界已不再存在。学校转型的必要性越来越强烈。

这也是我们邀请这个课题卓越的教育权威——哈佛大学名誉退休教授理查德·埃尔莫尔博士参加讨论的缘由。你将发现他以空间设计的视角阐释他的想法，而这样的想法也蕴含于本书的第一部分。埃尔莫尔教授在本书的第二部分用优雅的文字书写支撑未来教育的想法以及我们如何着手施行这些想法。

当我们思考学生真正的学习所需的"空间"，我们也指社会的、情感的以及创造性的空间，所有年龄的孩子们都需要在这样的空间茁壮成长。学校亟需这样的"学习空间"。我们相信校园环境的设计会让大家看到并拥有这样的"空间"，即社会的、情感的和创造性的空间。当然，设计本身也只能做到这些。让学生真正感到他们有空间可以学习，学校需要利用实体环境的设计作为催化剂推动整所学校的转变，即让学校从老师为中心转变为以学生为中

5 当我们谈论学习的"空间"，我们也关注学生在社交、情感和创造力方面得以发展的空间。佛罗里达卢茨学习之门社区学校的户外咖啡区。

心。本书的第二部分借助一位教育工作者的视角阐述这一议题，使我们的讨论与践行因此受益匪浅。

学校从以老师为中心到以学生为中心的转型将影响课程、教学法、日

> 在整本书中，我们依赖教育工作者和学生提供的信息来谈论他们所处环境的有效性。

程安排以及对学生的评估，更不用说对学校行政、运营以及管理的影响。这样的转型需要的支持体系应该安排到位，转型一开始可能显得激进，但随着时间的推移会越来越自然。

在本书的第二部分，你将了解，除了校园设计，还有其他领域也需要关注与妥善安排。读者可以把本书的第一部分看成实体设计的指南，但埃尔莫尔教授撰写的这一部分并非如何开展教育的指南。对于这一部分我们有更高的期许。我们希望读者阅读埃尔莫尔教授的想法时能够理解我们谈及的设想，即教育的转变需要一个整体途径，而学校设计本身，虽然是关键部分，也仅是拼图中的一块而已。

教育工作者和学生的声音

我们依赖教育工作者和学生提供的信息来谈论他们所处环境的有效性。作为建筑师，我们设想了大家使用我们所设计的空间的方式，但随着时间的推移，我们了解到空间的实际使用与我们期望的非常不同。听老师和学生诉说他们各自在学校环境的体验，我们了解了如何创建有生命力的建筑，使之随着学校不断变化的需求灵活转变。当我们明白空间不仅对教学有深远影响，而且对年轻人的整体发展影响颇深，我们很荣幸能扮演这样一个小小的角色——不仅是学生的学习空间而且是学生人生的"建筑师"。我们希望这本书可以提示参与创建有影响力的学校设施的每一个人，实体环境创建后的未来30年、50年甚至100年，都将影响着成千上万学生的人生。

本书的结构特点

我们跟埃尔莫尔博士谈论得越多，越意识到应该让我们的读者了解他的全部想法和观点。一开始我们没打算将这本书分成两个迥异的部分，但读了埃尔莫尔博士的论文之后，我们意识到他的论文必须以原创的形式呈现，并且与我们从建筑视角对学校设计的讨论分开。埃尔莫尔博士列出的关键原则直接影响了本书有关建筑部分的构思。埃尔莫尔博士对关键原则的总结如下：

1. 人类是学习的有机体，不需要被教导如何学习。 我们需要远离把成就作为驱动力的学校模型，因为这样的模型让人们不能确信他们具备自我学习的能力，因而也无法成为学习者。

2. 个体差异是规则，标准化是例外。 新的设计将不再摒弃这样的推断，即个体——孩子或成人的发展和经历各不相同，他们从不同的起点参与学习。

3. 知识是信息、影响、认知和娴熟技艺的总和。 技艺娴熟、学习能力强的学习者，他们对知识的吸收能力非常不同，这取决于他们对所学知识的兴趣程度，当前的知识领域与他们先前的学习经验如何匹配，以及他们如何很好地应用先前学到的技能来解决获取新知识时遇到的难题。

4. 知识覆盖面的深度和延展性。 我27岁的一天，在哈佛的研究生院听完一场计量经济学的讲座，讲座的话题含糊不清，我没能回想起来；但是当我走近哈佛广场附近某个相当复杂的交通地段，看到司机们在这些交叉路口中如何驾驭他们的汽车，这时突然如同被电击中般产生了一个想法——"到处都是数学！"我意识到自己可以使用数学的语言构建一个模型来描述见到的一切。

老师可以是教练、辅导员以及快乐学习的榜样。

5. 学习和设计——难题和暂时的答案。 在不确定情形下大胆的探索，通常始于难题而不是清晰的答案。

a. 人类如何适应教学实践的转变？

b. 教学实践和学习环境的设计如何适应专业知识的大众化？

c. 社会将如何消除机构化的学习来实现并履行对学生和青少年的关照与责任？

d. 学习环境如何适应个体化的挑战？

在我们的生活与事业中，在孩子们的教育体验情境中，这些想法开始产生意义。我们思考过，校园之外的所有学习，对我们和孩子的人生影响如此深远。即使在学校，似乎教室之间的空间、听完老师讲课后的片刻闲暇，以及和朋友们相处的时光，都是学生时代留在我们心中最重要且最有意义的记忆。审视我们的研究时，我们意识到这些看似次要的经历——教室之外的所有这些事情——事实上是最有意

> "学习"本身是一个附带性的活动，不管我们做什么总能开展学习。

6 学校需要始于这样的推论，即所有学生，不管什么年龄，都能够自主学习并管理自己的学习。为了开展高效的、以学生为中心的学习，空间的建筑、时间与课程的安排以及师生之间的关系都必须改变。

科罗拉多州博尔德谷的草地鹨学校

弗莱德·J.福尔曼斯特摄影。

7 真正的学习是指活动、游戏与创造。

佛罗里达圣彼得堡肖雷斯特预备学校的早教中心。

义，也是最能持之以恒开展"学习"的地方。换言之，"学习"本身是一个附带性的活动，不管我们做什么总能开展学习。这就是埃尔莫尔博士讲述的数学"灵光一现"的时刻。

这也推动我们最后编排本书结构时产生与初衷不同的想法。学校总是非常重视学习本身，而这往往适得其反，因为学生天然对于大人要求他们做的事持逆反心理，为什么不重视发挥学生的天然兴趣和主动性？为什么不将他们探索世界的天然渴望作为学校体验的基础？如果我们创建的学校能让学生享有多姿多彩的体验，那么我们也将能够提供丰富的学习机会。

我们想让学生在上学期间能够找到并关注类似校外生活的丰富体验。本书的结构来自这个构思，因此本书的主体部分分为"活动、游戏、学习与创造"四大部分。学生能够在这四种状态与实践的转换中学习并实现成功。

如果我们创建的学校能让学生享有多姿多彩的体验，那么我们也将能够提供丰富的学习机会。

活动、游戏、学习与创造融为一体

为了清晰地呈现给读者，我们分别讨论"活动、游戏、学习与创造"这四部分内容。然而，我们想强调的是这四个元素并非各自为阵，而是融为一体。分析这四个元素的语境，大家会发现每个元素或多或少都会体现其他元素的一些方面。这意味着一名正在"游戏"的学生也可能在"活动"、"学习"和"创造"。

记住这个重要的界定，让我们简略地了解本书描述的四个部分都涉及哪些内容。

活动

"活动"涉及学生在学校时，不管来自于个体还是社交环境中的所有体验。这个领域也给学生情感和精神的成长与滋养提供最好的机会。以下是我们在"活动"这一类别涉及的领域：

- 小组合作
- 放松
- 冥想
- 社交
- 饮食
- 园艺
- 照顾动物
- 体育健身
- 社区服务

游戏

在某种程度上，游戏在21世纪迅速成为学习的主要形式。孩子们从非常早的年龄就把游戏作为模拟生活的方式。想想自发游戏的特征——这些特征同样适用于下棋和踢足球。这样的游戏是自然而富有活力的，同时也具备创造力；这样的游戏需要策略，帮助你从错误

> "课堂上老师教的大多数知识学生都忘了，记住的又都是些不相干的内容。"
>
> ——本·约翰逊

中学习，令人投入且激动人心。游戏体现了我们理想的学校体验的精髓。以下是我们在"游戏"这一类别涉及的领域：

- 交际游戏
- 需要操作的游戏
- 使用不同材料的创意游戏
- 电子游戏
- 在大自然中玩耍

学习

"学习"这一部分涉及我们较为熟悉的事情，主要包括学业成长及成就。讽刺的是，学校如此注重学业却无法展示学习本身并非终极目的，而是为了更高的目的。事实上，学生在学校的学习时常辛苦、无趣；只有当学生能够看到理论与实践的直接关联，并理解为何学校的学业会让个体受益，学生才能明白他们学习的长远价值。换言之，学生需要充分"投入学习"来实现他们学习的真正价值。这样的学习不是取悦老师或在某次考试获得好成绩。让我们回顾埃尔莫尔教授对学习的定义，即要求学生"有意识地"地参与某项学习活动，以此作为"改变"他们世界观和"学习"某样事物的序曲。以下是本书在"学习"这一类别涉及的领域：

- 直接教学
- 阅读

- 研究
- 实验
- 合作型学习
- 创业精神
- 展示
- 实习
- 项目

> 学生需要充分"投入学习"来实现他们学习的真正价值。

创造

"创造"是当今和未来的学校所追求的。暂停片刻，好好思考数以亿计的信息页面、游戏、音乐、服务、课程以及技能构建的具体工具，现今这些都可以在网上获取。现在问你自己：如此浩瀚的资源财富，有多少是学生在校期间创造出来的？可以确切地说，世界各地的青少年对于网络资源有不少创意方面的贡献，但同样也可以确切地说这些贡献大部分都不是在学校创造出来的。当学生从被动的网络吸收者转变成活跃的贡献者，年轻人的巨大潜能得以释放，而整个世界也从中受益，而且我们也能够让他们更好地为有创造力、有挑战性的人生和事业做准备，从而得以在其中成功地遨游，并且日臻佳境。以下是我们在"创造"这一类别涉及的领域：

- 音乐
- 表演
- 艺术
- 厨艺和烘焙
- 科技先行的多媒体
- 创作
- 制作和STEAM

> 暂停片刻，好好思考数以亿计的信息页面、游戏、音乐、服务、课程以及技能构建的具体工具，现今这些都可以在网上获取。

8 当老师成为导师、教练和榜样，这时最佳的学习也就产生了。沉迷于"教"事实上是真正学习最显著的障碍。

本书的基本理念

1. 学校是学习的地方而不是教课的地方。奥斯卡·王尔德有句话意味深长："教育是一件令人钦佩的事，但应当时刻记住凡是值得学的一般都不是教出来的。"遗憾的是学生在学校体验的是大量的授课，而没有足够的学习。因此，学校变成孩子观望大人工作的地方。"传统教育错误地推断只要老师全力以赴地教，学生就都能学会。然而，我们上学前、上学期间以及放学后所学的并不是老师教的。走路、说话、吃饭、穿衣等等诸如此类的基本事情都是孩子自己学会的。成人在工作和休闲时学会了他们各自所需的事物。课堂上老师教的大多数知识学生都忘了，记住的又都是些不相干的内

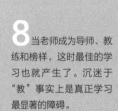

> 真正的学习需要理论与实践——知行合一。

容。"① 那么，老师要做什么？学校为
何需要老师？"伟大的教师启动学习
体验，引导学生进入驾驶位，然后就
退出。"② 老师可以做很多事来启发学
生学习。他们可以是教练、辅导员以

当好的环境与优化的课程
联结时，我们能够开展丰富的
学习体验。

及快乐学习的榜样。他们不应该做的是着迷于把教课作为传授学习的方式。

2. 教育应该关注学习而不仅是了解。 尽管真正的学习包含了解，但很有
可能大家只是"了解"某些知识而没有"学习"。我们可以从课本或视频"了
解"如何开车，但只有坐在方向盘的后面，我们才能真正"学习"如何开车。
因此，真正的学习需要理论与实践——知行合一。然而，学校大多数时候只
是确保学生"了解"课程材料，不管学生是否真正"学会"。

3. 让学校不再强调为未来而"准备"。 教育体系的一切，从早期儿童教
育到高中、大学、研究生以及后续教育都在为学生的未来做准备。学前儿童
被告知为幼儿园做"准备"有多么重要，而幼儿园的孩子被告知要为他们的
小学一年级准备等等。这一系列无止尽的路牌在前方可望不可及，孩子们为
了抵达这些路牌而接受训练，即使付出沉重代价也要实现目标。学校将模糊
而幻化的未来优先置于可触及的现实之上。

艾伦·瓦特斯说，"如果幸福总是取决于被期待的未来某样东西，那么我
们追逐的是镜花水月，直至未来我们自己在死亡的深渊消失。"③

"因此不要跌入消极的虚无之境（佛教思想有虚无之说），艾伦·瓦特斯
是想让我们关注此时此地。为了学习而学习！永恒即当下……成为整个过程充
实的一部分——无论是什么过程——不要沉迷于一个难以捉摸的最终目标。"④

---

① 《教育的目标是学习，不是授课》，公共政策，Knowledge@Wharton，宾夕法尼亚大学

② 《好老师不依赖教课》，作者本·约翰逊，教托邦，2013.6.28.
https://www.edutopia.org/blog/great-teachers-do-not-teach-ben-johnson

③ 《艾伦·瓦特斯："为何现代教育是个骗局？"》，作者麦克·克莱格罗斯，2018.9.25，大思考

④ 《艾伦·瓦特斯："为何现代教育是个骗局？"》，作者麦克·克莱格罗斯，2018.9.25，大思考

本书是如何撰写出来的

在2017年初，这本书只是一个萌发的想法，当时两位作者正处于他们职业生涯的不同阶段。其中一位作者（普拉卡什）从事世界各地的创新型学校设计已有18年的工作经验，另外一位作者（罗尼）刚开启她的设计生涯，从事创新型学校设计两年。这本书第三位关键作者是理查德·埃尔莫尔教授，他起初答应我们写一个关于学习和设计的章节，这样更清楚地阐释这些元素，但是我们读过他最后敲定的完稿，觉得他写的不仅是一个章节的内容，因此决定将埃尔莫尔教授的文稿作为这本书的一部分，专门向读者介绍他对学校设计的想法。

我们三位作者的共同点，是我们一直热情地推动、挑战现有的教育机构——包括愿意了解这一话题的任何人——寻求更新、更好的方式教育孩子。每过一年，世界都在发生重大变化，因此教育革新也变得迫切。我们对教育共同的热情成了合著这本书的基石。

由于我们的人生道路与职业生涯各不相同，因此为这一课题带来了迥异的视角，这样的视角并非代表我们每个人不能展示更加宽广的视角。本书大部分的合作通过远程视频会议达成。然而，我们能够肩并肩一起工作的时刻，尤其是当我们一起拜访书中描述的学校，与老师、学生会面交谈，这些时刻为我们带来最佳想法，我们都尽可能在书中展示最具启发性及最令人满意的内容。

对我们而言，这本书是一次奇妙的探索之旅，我们希望对你们也是如此。我们拜访每一所学校，与每一位教育工作者会面，与每一名学生交谈，从中都学到了新东西。我们原先认为首先得拆掉现有的教育机构，才能在原地构建新机构。现在，我们意识到根本没必要这么做。相反，我们选择展示的是：尽管我们所知的学校和教育死气沉沉，但学习却生机勃勃。学校应该扮演什么样的角色使之与时俱进，这是本书试着回答的问题。我们确定的是：当好的环境与优化的课程联结时，我们能够开展丰富的学习体验。

学习体验

当好的环境与优化的课程联结，丰富的学习体验便得以开展

9 所谓的"学习"涉及学什么、怎么学（正式或非正式的"课程"）以及在哪里学（学习环境）。我们称之为"学习"的全部体验事实上处于课程和环境的联结之中。这意味着，真正丰富的学习体验在好的环境与优化课程的联结中得以开展。

设计利于活动、游戏、学习与创造的场景

第一部分

1 第一章
好的空间设计基于
新的教育理念
CHAPTER

为何需要改变学校设施？有人会争论，学校现有的模式在过去的一百年间也都运营得不错。这么多年引进了许多教育模型又都不了了之，唯有传统学校建筑设计顽强地维持不变。那么，为何需要改变？以下是最核心的理由：

教育的目的已经改变。过去的教育侧重于把"知识"灌输给学生，认为教育的主要目的在于"教"学生"内容"。在传统的教育模型中，学生的"知识"

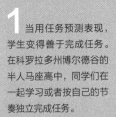

1 当用任务预测表现，学生变得善于完成任务。在科罗拉多州博尔德谷的半人马座高中，同学们在一起学习或者按自己的节奏独立完成任务。

越多，受教育的程度似乎就越高。但如今大家不用去学校也能获取知识。现在网络上日益增多的各种信息和辅导触手可及，我们可以在任何时间和地点学习。当知识成为易于获取

> 当知识成为易于获取的商品，现在的教育应该侧重于培养强大的社交、创造和概念性思考的技能，塑造个性和学习全新的文化素养。

的商品，现在的教育应该侧重于培养强大的社交、创造和概念性思考的技能，塑造个性和学习全新的文化素养。根据世界经济论坛的报告《工作的未来》，2020年排名前十的工作技能将是：

1. 问题解决能力
2. 批判性思维
3. 创造力
4. 组织管理
5. 团队合作
6. 情商
7. 判断力和决策力
8. 服务意识
9. 人际交往
10. 认知升级

理查德·埃尔莫尔博士言简意赅："任务预测表现。"意思是学生在学校时需要做他们长大后能够擅长的事。既然我们知道未来排名前列的工作技能是什么，难道我们不应该设计相关的学习体验，让学生在学校就能实践这些技能并使之完善？显然，由于实体设计的限制，加上以老师为中心的教学法的掣肘，传统教室很少能为学生提供机会训练前述十种未来的技能。

教育体系的四个关键领域

让我们看看教育"体系"的四个不同领域。学校改革者有个大体一致的共识，即上述新的文化素养体现了新的教育模式，为了更好地为新模式服务，这四个领域分别需要彻底转变。综合起来考虑，四个领域的全部转变呈现一个全新的教育典范。我们谈论的是教育的"软件"，以及自从网络时代产生之后，在过去的二十几年这个"软件"如何彻底而不可扭转地改变。

因此，教育的"硬件"——尤其是在里面开展教育的建筑——也必须通过改变来"运行"新的"软件"。我们将讨论每个领域转变的性质，并证明传统的"教室与铃声"（教室和过道的工厂模型）学校设计为何不能容纳上述的改变。我们将展示新的"学习社区"模型，这个模型能够成为新的学校设计及现有学校建筑革新的样板。

教育转型的四个主要领域

教学实践——从孤军奋战到团队合作。"课堂上的老师"是全世界教育体系的主要部分。甚至有人会说这是大家对学校一切认知的基石；学生按年龄和年级分配到各自的房间，一位成年人站在满屋子的学生面前。在学校教课大部分都是独自进行，直至今日，这样的教学方式仍然保持主导地位。学校的教学楼设计基本上都带有教室，因此上课期间老师和学生被困在一个房间，这样的情形不可避免与逃遁。

倘若有一个强大的教育理念改变这个模型，那么老师们就有更多的机会——理想的情况下贯穿整个学校日——作为团队的一员开展教学。相关研究很清楚地表明了这一点。当老师合作，学生能够提升他们的成就。斯坦福的一项研究提出令人信服的论

> "任务预测表现。"意思是学生在学校时需要做他们长大后能够擅长的事。

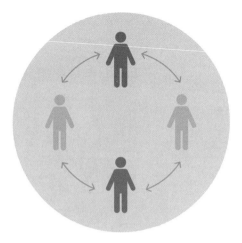

老师们被分隔在各自的教室里独自工作。 老师在学习社区作为团队成员一起工作。

2 当老师被困在各自的教室里，他们显然面对的是固定的师生比例。如此几乎不可能开展个性化和差异性学习。当老师们形成一个团队一起工作，他们可以让学习个性化。在这个模型中，老师可以开展一对一的教学或在一个小组教学，而教学团队的其他老师可以指导另外的学生。

断，即通过老师与同事之间经常互动的能力来衡量的"社会资本"，比由职业发展课程和证书体现的"人力资本"更能呈现学生成就的价值。[①]当老师们在校期间有更充分的时间跟进

相关研究很清楚地表明这一点：当老师合作，学生能够提升他们的成就。

自己专业领域最新的研究与发展，这时教师之间合作的价值得以进一步提升。

教学法——从以老师为中心到以学生为中心。教室的设计容许一位成年人指导其所负责的若干学生。思考一下大多数教室的布局。通常在房间前面有一张桌子是给老师用的，房间余下的空间都摆放学生的桌椅。有一面"教

① 《学校改革丢失的链接》，作者凯丽·R.莱安娜，斯坦福社会创新评论 2011

3 老师在他们的办公室里作为团队一起工作，而且在校期间经常互动沟通。原先的模型是老师拥有自己的教室，这些教室也是他们的办公室，现在的模型对此做出改变。老师待在各自的教室，这样的隔离付出不小的代价，因为老师加入团队一起工作的机会会被剥夺了。图为佛罗里达坦帕的希尔学校。

学墙"，墙上有一个白板，有时是电子智能板。通常是学生的桌椅面朝教室前方摆放。教室向学生传递一个强烈的信息，即他们来到教室听老师讲课并听从老师的指导。即使老师想改变模式，允许学生拼桌形成合作小组，教室的基本结构也保留了可掌控的性质，即一位成年人能够充分把控教室发生了什么，怎么发生，在哪里发生。

以老师为中心的教育模型现在过时了，因为设计这样的模型培养出来的技能，诸如背诵、掌握内容、记忆内容以及考取好成绩等这些技能很快就得让位给本书一开始提及的21世纪的文化素养。除了需要改变教育模型，从而使之与当今的世界息息相关，我们也不得不考虑学生的自主性。埃尔莫尔教授在本书的第二部分谈论到这一点，即四种"学习理论"决定了我们如何构建学校。

> 教室向学生传递一个强烈的信息，即他们来到教室听老师讲课并听从老师的指导。

以学生为中心的学习

以老师为中心的学习

4 教室向学生传递一个强烈的信息，即他们来到教室听老师讲课并听从老师的指导。公共区和小组讨论室提供理想的环境，老师们可以站在一边，让学生自主学习。

　　按等级划分的模型，不管多么诚恳地希望提升学生的兴趣，都存在一个内在的问题，即学生不喜欢被告知做什么！倘若学生上学期间能够训练让他们在大学、事业和人生中得以成功的重要技能，他们今后也会继续培养自己的这些技能，这样他们现在在上学期间就得"学得"更好。我们无法通过现有教室的模型来开展与21世纪新的文化素养相关的广泛活动。《重新设计一所好学校》一书中详尽讨论了为何亟需从以老师为中心模型转变成以学生为中心的模型。[①]

　　课程——从各自为阵的科目到跨学科课程。 教室一般都贴着标牌，告知大家老师的名字以及其教学的科目。因此我们有数学教室、科学教室（和实验室）、英语教室、社会研究教室，或许还有个计算机实验室。把学校设计成一系列教室，自然形成对号入座的教育模型，即给每间教室挂标牌并配上专

① 《重新设计一所好学校》，普拉卡什·奈尔著，中国青年出版社出版，2019。

5 这个空间过去是以老师为中心的计算机实验室，改装后鼓励老师在旁督导，让学生自己管理时间和自主学习。图为佛罗里达坦帕的圣名学院中学部的智能实验室。

> 除了需要改变教育模型，从而使之与当今的世界息息相关，我们也不得不考虑学生的自主性。

门教某个科目的成人。当然，在低年级学生接受指导的教室里，老师可能不止教一个科目，但即使如此，学校日仍被分成几个时段，分别用来教诸如数学和英语等各个科目。

　　把教学楼分隔成一间间教室、将学校日分割成一个个课时，这么做并没有科学理论根据。换言之，我们没有证据表明这是教与学的好方式。我们确实知道的是这样的教育影响了我们提及的目标，即让学生为他们大学、事业和人生所需的技能和能力做准备。用大卫·奥尔博士的话说，"高等教育的第四个谜是我们完全可以修复我们拆解的。在现今的课程体系中，我们把知识体系分成零零散散的学科和学科分支。结果，大多数学生接受12年、16年或20

6 这个公共空间把若干学习工作室联结起来，成为学习社区的一部分，同时也是鼓励课堂合作的理想环境，在此可以设计并教授一个跨学科课程。图为佛罗里达坦帕圣名学院中学部的学习社区。

年的教育之后，没有获得对事物整体性的感知就毕业了。"[1]

学生需要通过跨学科课程了解，各个学科并非各自独立的信息和知识碎片，而是庞大知识体系的一部分。海蒂·海耶斯·雅各布斯说，"在现实世界，我们不会早上醒来之后做50分钟的社会研究。青少年开始意识到在现实生活中，我们会碰到问题和状况，会从现有的资源中收集数据，并想出解决办法。被分成碎片的学校日没有反映这样的现实。"[2]

在过去，大家常看到诸如医学这样学科专业化甚至高度专业化的领域，但现今，医生进行医学实践也需要多方面看待人体，因为人体是一个复杂且相互依赖的体系，人体的生理以及诸如心智和精神这样更抽象的方面推动着这个体系。

---

① 《教育的意义何在？关于现代教育基础的六个谜以及六项取代它们的新指导原则》，作者大卫·奥尔。《学习革命》里的一篇文章，最先发表在1991年冬，英文版第52页。

② 《跨学科课程：对跨学科课程内容日益增长的需求》，作者海蒂·海耶斯·雅各布斯，摘自她的著作《跨学科课程：设计与实施》，1989。线上发表于：http://www.ascd.org/publications/books/61189156/chapters/The-Growing-Need-for-Interdisciplinary-Curriculum-Content.aspx

7 摒弃基于教室模型的学校设计、选用学习社区模型，其优势是学生将有更多的机会和不同年级的同学一起学习及交流。

图为比利时布鲁塞尔国际学校，凯文·巴列特高中。

> 我们无法通过现有教室的模型来开展与21世纪新文化素养相关的广泛活动。

详细讨论如何顺利开展跨学科课程超越了本书的范畴，但有一点须知，即跨学科课程的开展需要两位及以上的老师一起设计并进行跨学科单元的教学。跨学科课程的单元教学也将带来更大的机遇，让老师设计合乎"活动、游戏、学习与创造"模式的学习体验；我们先前讨论过学校应该围绕这样的模式设计。跨学科课程也给学生提供更好机会让他们应用自己原有的技能和个人经历来面对在学校遇到的问题，从而使得教育更加民主化、更少专制性。

学习社区——从各个教室到联成网络。随着知识和信息成为商品，学校较少强调对正式内容的学习，关注更多的是社交和情感的发展，让学生有机会参加一个紧密结合的社区并成为社区的有效成员。在传统学校，尤其是多数公立学校，一般各个教室作为学校主要的校园"学习社区"。但由于空间设

计的局限以及死板的学校日程，学生
很少有时间和其他教室的同学构建真
正的友谊，或者更好地接触其他友善
的老师；每位学生和老师相处的时间
很少——通常是20或30名学生一起和

> 联成网络的学习模式在组
> 织学习空间和学习群体方面更
> 为民主且较少等级化。

老师相处。从学习的角度来看，在现今世界缺少一个教室以外的学习社区更
令人担忧。现今的学生比以前更需要融入更大、更多样的群体，而不仅仅在
教室里与按年龄划分的群体相处。同理，学生需要咨询若干成人并一起学习，
成人带来的不同视角和世界观将丰富学生的学习。

联成网络的学习模式在组织学习空间和学习群体方面更为民主且较少等
级化。这一模式在传统教室的限制下难以开展，因为传统教室正好是等级化
和掌控的终极体现。

联结教育的硬件和软件

几乎每所学校都有七个关键的构成或正在开展的"教与学"实践，这些
综合起来展现了这所学校关于"学习理论"的最精确画面，本书的第二部分将
详尽描述这个"学习理论"。任何学校都能看到这些构成，而每一个构成在某
个范畴内都可以实施。比如后图范畴的左边是代表比较传统的教学模式的实
践，右边是现在变得越来越流行的实践，即学校努力让学生为现今与未来所
需的技能做准备。这并不是说这个范畴的右边是"好的"，左边是"不好的"。
重点在于选取代表最适合学生学习需求的那一边。这意味着，理想地说，学
校构建的方式允许在每个范畴之间自由转换。

从"软件"的视角来看，我们已经确定学校社区可以根据需求在构成的
左边和右边来回自由转换。带着这个想法，让我们看看通过教学楼体现的学
校"硬件"如何支持七个构成之间的自由转换。

贯穿七个范畴的黑粗竖线代表过时的"教室与铃声"教学楼确实阻碍了

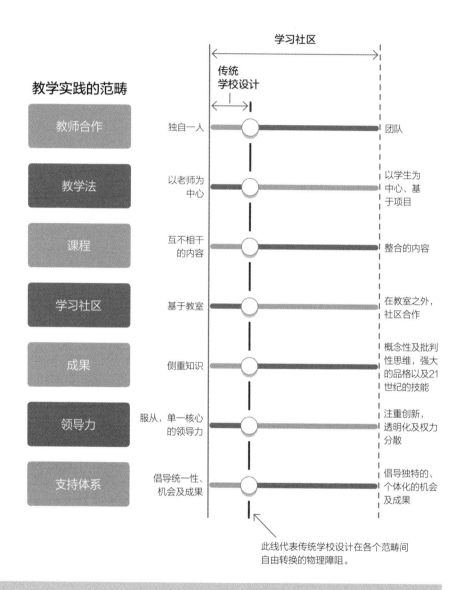

学习社区

教学实践的范畴

传统
学校设计

教师合作	独自一人	团队
教学法	以老师为中心	以学生为中心、基于项目
课程	互不相干的内容	整合的内容
学习社区	基于教室	在教室之外，社区合作
成果	侧重知识	概念性及批判性思维，强大的品格以及21世纪的技能
领导力	服从，单一核心的领导力	注重创新，透明化及权力分散
支持体系	倡导统一性、机会及成果	倡导独特的、个体化的机会及成果

此线代表传统学校设计在各个范畴间
自由转换的物理障阻。

8 贯穿七个范畴的红黑粗竖线代表过时的"教室与铃声"教学楼确实阻碍了左边的每个构成自由地转换到右边。这提供了一个令人信服的论点，向大家解释为何需要改变学校的实体设计，这样教学楼才不会妨碍学校从教育的等级模式转变成分散模式（将在本书的第二部分讨论）。

左边的每个构成自由地转换到右边。具体而言，让我们看第一个构成，即**教师合作**。现在的情况是每位老师在各自的教室授课。这个模式显然"偏爱"范畴左边独自一人的教学模式，影响老师们开展团队教学。

"教室与铃声"的教学楼支持以老师为中心的教学法，但影响了以学生为中心的模型。

同理，"教室与铃声"的教学楼支持以老师为中心的教学法，但影响了以学生为中心的模型，因为教室可以让老师授课、指导学生以及掌控全班的情况，但却难以开展诸如同伴辅导、团队合作、自主学习、调研等学习活动。

这个论证可以应用于七个构成，但请再看看最后一个构成——"支持体系"。在我们的评估中，"教室与铃声"模型的学校设计是为了给所有学生提供一样的机会、获得统一的成果，因为教室基本上针对群体而非个体。在教室的模型中，很难创造一个模型为每位学生提供独特的、个性化的机会来学习与成长。

从这个讨论中显然可见，过时的教学楼体现的"硬件"严重限制了学校从"等级式"变成"分散式"教育模式的能力；本书第二部分将讨论这两种教育模式。走出这一困境的方法是创建完全消除黑粗竖线的实体学校设计。这样教学楼将有助于七个构成自由转换。

在以下系列图表中，我们描述了教育"软件"和"硬件"在实体学习环境"运营"时的直接关联。为了方便起见，我们把机构的构成压缩成四个主要领域，当然这些图表也可以用于所有七个构成。

第一个图表，标题为"个体所有的教室"，展示了传统设计的学校里每位老师独处一间教室，这使得本章节讨论的四个领域都规规矩矩地归列在范畴的左下端。这证明了传统教学楼现有的硬件无法运营当今教育的软件。

第二个图表，标题为"两人之间的分享"，我们展示了对实体空间的一个小小改变——比如打开两间教室的隔墙——这开始让四个领域里的每根柱

个体所有的教室

最优化：个体的教学实践，
传统的结构和时间表
基于教室的学习社区，单一教师的教室，
以老师为中心的教学

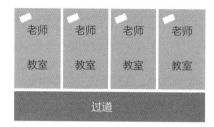

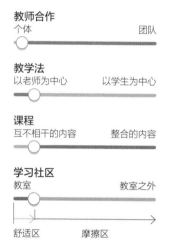

教师合作
个体   团队

教学法
以老师为中心   以学生为中心

课程
互不相干的内容   整合的内容

学习社区
教室   教室之外

舒适区   摩擦区

两人之间的分享

最优化：在年级、系部及跨学科里结对子，
分享单元课程设计，一起授课，灵活且有活力的
分组，多种多样的学习模式，分享评估，更易于
做项目，小组讨论区有了更多的选择

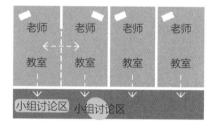

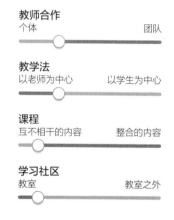

教师合作
个体   团队

教学法
以老师为中心   以学生为中心

课程
互不相干的内容   整合的内容

学习社区
教室   教室之外

9 这些图表展示了学校的"硬件"即学习空间，对通过教师合作、教学法、课程、学习社区体现的教育"软件"产生的直接、深远影响。甚至学校设计的某些细小改变都能够对教学产生深远的影响。

子朝范畴的右下端移动。因为
1）老师们现在可以团队合作；
2）在两位成人督导之下，可以
开展更多以学生为中心的学习
模式；3）老师们可以一起设计
并教授跨学科课程；4）学生现
在是学习社区成员，不再局限
于自己的教室。现在这样就比

> 由于学习社区是一个灵活的、有
活力的空间，可以根据人数、教学法
和课程的改变快速调整，因此学习社
区带来许多益处。学习社区有助于构
建强大的交际技能、创造力及概念性
思维技能。

较容易实现个性化。照此改变实体环境，甚至连资金紧张的学校和学区都能
够负担得起，而且在暑假期间就能轻松地实现改变。

　　标题为"学习社区"的第三个图表对教育软件优化设置，使得每根柱子
可以在每个领域的所有范畴内自由转换。这是一个展示图，而不是原型设计。
实际的学习社区设计各不相同，可以根据各种类型的传统教学楼进行调适。
当然，新学校也可以围绕学习社区的构想设计。根据我们的经验，"教室与铃
声"的传统学校无需花费大笔资金就能改造成学习社区，而且这样的改造基
本上一个暑假就能竣工。

　　从可操作性的角度来看，由于学习社区是一个灵活的、有活力的空间，
可以根据人数、教学法和课程的改变快速调整，因此学习社区带来许多益处。
这是"学习型教学楼"的典型体现[①]—— 一座供使用者全时段学习的教学楼。

---

① 《重新设计一所好学校》，普拉卡什·奈尔著，中国青年出版社出版，2019。

学习社区

优化配置：围绕跨学科主题组织课程、分散和民主的领导力、学生分担责任、共同支持、一致的日程安排、最高层次的"社区"及自主学习。

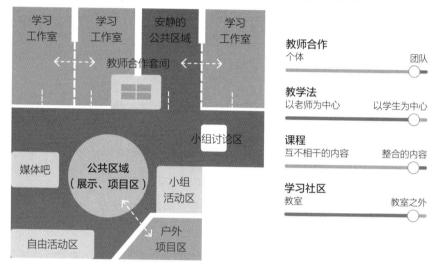

教师合作
个体   团队

教学法
以老师为中心   以学生为中心

课程
互不相干的内容   整合的内容

学习社区
教室   教室之外

10 个体没有独自占有一间教室，这样的空间设计充分体现了硬件和软件的联结。比起传统的"教室与铃声"外加过道的教室模型，这样的设计不仅有各式各样的空间支持不同的学习形式，而且课程也更加丰富。

2 第二章
重新定义学校设计的八项原则
CHAPTER

真实的

学习体验应该是真实的，这一点无需争辩——不然还有其他学习方式吗？然而对于这个问题，我们的答案是学校教育。学校教育的设计是为了让学习正规化，这样大人们可以沿着他们预先设定的路径来衡量学生的"进步"。这一正规化过程为了简便而牺牲了真实性，因此也影响了学校本该做的事情——鼓励学生为了实现自己独特的个人潜能而"学习"。

因此，什么是真实的学习？在学校，以等级为导向的"正规"学习主导着学生的学习体验，真实的学习与此有何不同？描述"真实性"的简单办法就是看学校的体育团队。这个例子让我们清楚地看到学生付出努力让自己成为更好的个体及团队成员。他们在体育场上体现的努力和结果有直接的因果关系。他们也必须面对自己的局限和如何通过自身的努力、团队合作及教练的指导来克服这些局限。

在体育这门课中，学生努力的结果也可以通过真实的成果来衡量。体育课让学生的成就和大人们衡量成功的需求得以结合，因此成为学生在校期间少数真实的学习体验之一。还有

> 真实的学习意味着学生平时就像专业人士那样身临其境般学这些科目。

一个自我选择的重要构成，也是在体育中可以找到的"真实性"的一部分。参加体育活动的学生是因为自己想参加，同时看到自己像职业选手般参加比赛，即使他们知道自己其实没有赛场上的佼佼者那么好。

体育课对成功的衡量可以超越输赢。学生努力付出后得到真正的进步以及助力自己的团队获得成功，这些都可以得到奖励。体育也包含许多无法估量的益处，比如纪律、毅力、团队合作、自信以及学习如何面对和克服失败。

现在去教室看看数学课如何开展教与"学"。首先，教室里有多少学生想成为数学家？其次，数学课如何开展？可否与专业数学家从事的研究相提并论？那么，数学课是如何开展的？保罗·洛克哈特写了一篇与这个话题相关的好文章，题目为《数学家的悲叹》[①]。文章描述了学生在学校学数学时被迫完成的作业与数学的真实世界几乎毫不相干。绝大多数学生在学校学着数学却不了解这个科目真实的瑰丽。

让数学课变得"真实"需要彻底革新课程及在校学习的方式。在成为数学家这一范畴，孩子们可以有自己的意向——当然，多数孩子没打算成为数学家，就像多数学生不会成为体育赛场上的职业选手——但不管他们的意向如何，都是他们自己的选择，而且是因为他们在自己的生活中看到了数学的实用性。

除了数学，其他科目诸如英语、社会学习、科学以及语言等也需要"真

---

① 《数学家的悲叹》，作者保罗·洛克哈特。
http://www.maa.org/external_archive/devlin/LockhartsLament.pdf

1,2 学生在学校学习的理论如果与真实世界的体验相关联将获得更大的意义。在大自然中徒步旅行令人身临其境。在一趟大自然旅行中，不同年龄的学生都获得很多机会发展各种有用的技能，比如团队合作、观察力、忍耐以及远离屏幕和电子设备、了解大自然世界。

实"的学习。真实的学习意味着学生平时就像专业人士那样身临其境般学习这些科目，而不是在学校被灌输同一标准的模拟情境。

多种形式

20种学习形式

1. 自主学习	11. 研讨型教学
2. 同伴辅导	12. 基于表演的学习
3. 和老师一对一教与学	13. 跨学科学习
4. 讲座	14. 自然主义学习
5. 团队合作	15. 基于艺术的学习
6. 基于项目的学习	16. 社交情感学习
7. 远程学习	17. 基于设计的学习
8. 通过移动科技学习	18. 讲故事
9. 学生展示	19. 团队学习与授课
10. 基于网络的研究	20. 游戏和移动学习

教室的设计适用于老师讲课、学生做展示，但若想通过其他学习形式开展教学，缺陷就显露出来。

教室的设计，除了强制要求学生完成老师布置的练习，没什么空间开展不同的学习形式。学生上学期间基本上都待在教室里，但若要舒适地开展多种学习形式，教室本身存在严重的局限。看看上述的20种学习形式，假如到教室开展相应的活动，一间传统教室可以容纳多少种学习形式？也许

3 学生即使在同一空间也可以做不同的事情，学校只有理解这一点才能真正地转变。不像传统教室，每位学生在里面都有一套相似的桌椅，一个设计得好的学习空间将提供各种席座和学习选项，学生自然将根据自己正在学习的内容以及和谁一起学来挑选相应的方式。

4 这个公共区域是学习社区的一个重要部分，与更适合开展小组教学的学习工作室相比而言，这样的区域可以开展的学习形式更加多样化。显然这样的空间基本上可以容纳先前提及的二十种学习形式。这样的空间有"活力"和"生命力"，因为它们易于不断改装来为教学服务。

图为凯文·巴列特高中，布鲁塞尔国际学校

两到三种？教室的设计适用于老师讲课、学生做展示，但若想通过其他学习形式开展教学，缺陷就显露出来。

多种形式是指学生选择的学习形式能够结合两种标准：（1）他们正在学什么；（2）他们想如何学。正在学习的知识只是谜语的一部分。这并没有告诉我们学生如何学习这个知识。就像有些学生喜欢在熙熙攘攘的星巴克学习，而其他学生更喜欢在一个安静的角落学习，所以学生在学校也需要有所选择，这样他们就有机会拥有一个舒适的环境进入学习。

跨学科

每个科目都有纯粹之美，而且有很多例子告诉我们看到每个科目的独特之处很重要。但是学校对科目的设置不是为了向学生展示科目的纯粹与美好。各个学科的设置是因为易于人为地分割学习内容，从而允许学校日被分为各个时间段。

我们鼓励学校让学生认识到他们在生活中遇到的各种事物的跨学科本质。我们现在所处的世界不断变化，几乎每一项令人向往的工作都有跨学科元素，这已经不是什么秘密了。这一趋势不仅会继续下去，而且会加速发展，让人难以忽略。学校开始注意到这一点，并努力让学生的学习体验变得更加跨学科，诸如基于项目的课程、STEAM课程、服务学习以及实习机会。这些项目相对典型是因为它们让学生更加活跃地参与学习。尽管此类项目的益处显而易见，学校却不是很愿意全面投入，让学校学习变得更加跨学科。学校不情愿这么做是因为它将两种基本不可融合的模式相提并论——一种是以老师为中心、基于教室、由科目驱动的教育模式，另一种是以学生为中心、基于体验、跨学科的新模式。想真正改变大家熟悉但完全过时的教育模式，单取代部分的旧模式是不够的，只有引进一个全新的模式才行。请参阅第八章"未来教育的探路者，坚定迈出第一步"，此章描述了一个有效的方式，告诉读者如何推进真实、有意义、整体性、可持续发展的改变。

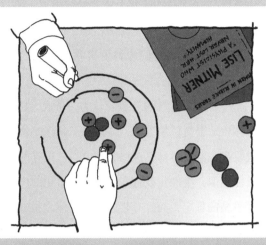

5,6 生活中的每样事物几乎都是跨学科的，学校也不例外。学生若能看到学科之间的关联，他们对学习会更加投入。在制造者工作室或STEAM实验室中做项目可以实现这一点，即让学生以创意的方式应用数学、科学和工程学的概念。

图为密歇根州底特律希尔学校的制造者实验室。

个人的

　　这里我们选用"个人的"而非"个性化"这个词。这两个词源自一个共同的理解，即没有哪两名学生是一样的。教育需要从一刀切的模式转变成意

> 我们鼓励学校让学生认识到他们在生活中遇到的各种事物的跨学科本质。

识到并欣赏个体差异的模式。不过，还是让我们推敲这两个词，这样更好理解我们为何更喜欢"个人的"这个词。

个性化教育认为一位成人如同裁缝，为客户定制、设计的学习体验适合每位学生的个体需求。就像25位不同体型的人穿同款燕尾服，通过量身定制使得每套燕尾服都合身。这样的目标在于让他们每个人看起来尽可能相似。个性化教育本质上是21世纪对产业化的"按等级划分的个体"教育模型的肯定，而且有相应的理论使之得以延续下来。人们认为成人确切地知道所有孩子需要了解什么，以及何时需要了解，

7 不管采用什么学习形式，不管是独自一人学习，还是与老师或同学一起学习，所有的学习最终都是个人的。每位学生都在自己的人生体验以及资质的基础上构建学习。理解学习的这一根本规则是离开批量生产的学校模式的第一步，进而可以迈向个性化的教育模式，在这个模式里每位学生都被认为是完全独特的个体，具备完全独特的能力与兴趣。

图为孟买的美国学校，和老师一对一学习。

但我们需要的是能够顾及个体差异的"教学体系"来教授内容与技能。个性化的学习模式可能跟学生一点关系都没有，而仅仅是给毒药丸加上一层糖衣——这个教育模式基于测试、内容繁重，在全球盛行却已经过时。

> 个性化的学习模式可能跟学生一点关系都没有，而仅仅是给毒药丸加上一层糖衣。

　　另一方面，个人的教育始于每位学生的能力、技能、兴趣和需求。学习体验的设计从一开始便是为了最大程度地挖掘出每位学生的潜能。在个人的教育模型中，老师和学生是搭档，一起弄清楚某个项目，然后实施；在这样的项目中，学习是为了实现成为公民、人类发展及自我实现这些更宏大的目标。个人的教育还有这样的优点，即学生能够在情感上与所学科目联结，因为他们本身对科目有兴趣。这样不仅让学习变得更有意义，而且也很好地确保了学生在今后的人生中学以致用。

不受时间限制

　　比起建筑空间，时间的构建可能对真正的学习有更大的挑战。空间的限制更易于找到解决的办法，而时间的限制如同紧身衣，令人无处逃脱。不管一节课多么好，或者学生在课上多么投入，学校铃声一响不由分说地毁掉一切。米哈里·克斯曾米哈里在他的书《流动：最佳体验的心理学》中谈论道，只有当我们进入"流动"的状态才能变得最有创造力[1]。这需要对某项任务达到某种层次的关注与承诺，然而这样的状态几乎无法在高度人为管理的教室环境中实现。而且似乎这对创造

> 空间的限制更易于找到解决的办法，而时间的限制如同紧身衣，令人无处逃脱。

---

[1] 《流动：最佳体验的心理学》，作者米哈里·克斯曾米哈里。Harper&Row出版社出版，1990。

> 如果老师教授、学生学习的课程本身就无趣枯燥，那么将时间延长至90分钟对学生进入流动状态并无益处。

力的影响不至于此，铃声仍按时响起，因此即使学生在少有的一些情境中能够在教室里达到流动的状态，却无法避免地被学校铃声打断。

学校也意识到45分钟不足以做任何严肃的事，所以许多学校专门为某个班级或课堂安排成90分钟的模式。这是迈向正确方向的一步，但也存在自身的问题。流动状态的反面是心不在焉及厌烦。如果老师教授、学生学习的课程本身就无趣枯燥，那么将时间延长至90分钟对学生进入流动状态并无益处。

我们建议的是学校日不要设时间段。当然，这么做需要每位学生都有个人学习计划才可行，这样每位学生都有一幅清晰的地图，知道自己在某个限定的时间段——比如一天、一周、一个月或者一个学期——结束时需要达到任何专业领域的哪个位置。这样的学习计划是学生和老师共同制定的，而且参考这个计划来衡量进程。想想一家拥有25名职员的建筑公司。每个人都知道自己需要做什么以及何时需要做什么。每个人都有一些比其他人更复杂的任务，有些任务需要更长时间完成，有些任务需要和公司的其他员工合作完成。在工作日里有没有铃声在固定的间歇期间响起呢？显然，每隔45分钟或90分钟就让大家在自己的轨道上停下来，然后强迫大家停止各自手中的活计，开始做另外一项任务，假如这么做有意义的话，那么可能大多数商家都会如此运营。没错，我们明白学校不是建筑公司，但这个职场的例子描述了不管大家实际正在做什么事或需要多少时间才能妥当地完成手头的任务，让任何小组在固定的间歇期间停下手头的工作，然后再接着工作，这么做是荒谬的。

自我引导

"以学生为中心"这个词条常被用来暗示自我引导。然而，这个词条可能

8 大多数成人没能充分理解的是，学生，甚至在非常小的年纪，完全能够主导自己的学习。另外一个关键的事实是关于学习内容及学习方法的，学生越是拥有做重要决定的"自主权"，那么他或她将会更加投入，而且学习质量也将更高。

图为佛罗里达圣彼得堡的肖雷斯特早教中心。

引发一些困惑。具体而言，让我们看这样一个场景：学生正努力完成各项作业，一位老师默默地坐在旁边，不动声色地观望着或略微引导学生。从表面上看，这像是完美展现了以学生为中心的学习活动。但我们推断这也可能是学生正在做的作业是老师预先精心策划过的，这样一来学生努力完成作业实际上只是执行老师的教导。

对比另外一个场景，从表面上看，学生也在做作业，跟上述场景很相似。不同的是在这一场景中，学生和老师不仅一起探讨作业的内容而且也讨论如何完成作业以及多长时间能够完成。我们由此想表明：让学生真正投入学习的秘诀是学生的主动性以及成人对学生兴趣和喜好的认可。

跨年龄

在学校按科目和教室给学生分班，这样的结构之所以强大是因为这样比起按年龄分班更灵活。我们没有发现有证据表明按年龄组织学生学习对教育

9 作家丹尼尔·品克曾问："你最后一次与你的同龄人度过有意义的时光是什么时候？"基于年龄的分组在真实的世界中和在学校里都没有意义。不要按学生的年龄分组，而是通过分组给学生提供最好的机会获取丰富的学习体验，这样才有显著意义。在学校里，诸如这样的公共活动区给跨年龄分组的学生提供了学习的机会，这是按年级划分的教室做不到的。

图为盖恩斯维尔佛罗里达大学的PK·扬发展研究学校。

或人类发展具有某些内在的价值，但这是长年以来的做法，似乎难以摒弃。家里有多个孩子的家长知道不同年龄的孩子之间互动的益处。这样的互动从不同的角度对年幼和年长的孩子都有好处。然而，我们在学校很少看到这样的互动。所有这一切都归咎于教室。一旦决定把固定的一组学生安排到一间教室，再配上一位老师，那么出于方便考虑我们也将按年龄给学生分组。这样让我们有理由依据一个错误前提来统一教授内容与技能，即如果学生接受同样的教学实践，那么所有年龄

> 让学生真正投入学习的秘诀是学生的主动性以及成人对学生兴趣和喜好的认可。

相仿的学生需要而且将以相似的速度
进步。即使我们明白这么做不对，而
且没有两位孩子完全相似，但我们担
心的是差异性及学习上遇到的困难会
因为各个年龄合并成组而加剧。这一

家里有多个孩子的家长知
道不同年龄的孩子之间互动的
益处。

论点的谬误在于：其一，我们不需要以同样的教学实践来教导不同年龄组；
其二，将不同年龄的学生编成小组只是说明了所有的孩子都是不同的，而且
他们的差异性不仅在于年龄的不同。意识到这一点之后，我们能够开始重新
思考教学本身，让教课退居二线，把学习放在首位和中心，让学生学会自主
学习以及同学之间互相帮助。苏格塔·麦楚尔博士用墙上的洞的实验证明这
一理论是可行的。这些实验明确地表明跨年龄分组的学生，即使完全没有成
人管理，也能完美地自我组织学习[1]。

合作型教学团队

合作型教师团队的优势在
于学生可以不断接触关心他们
的成人群体，而不是主要依赖
于教室里的某位老师。

一位老师负责一个按年龄划分
的固定学生群体，我们为何设置这样
的教育模型？简单地说，原因在于教
室。一旦有了教室，就会让一群按年
龄划分的学生待在教室里，而这些学

生需要一位成人的督导——也就是老师。这意味着一位老师要管理15、25或35
名学生，这么做并非依据什么教育理论，而是学校建筑使然。教室=老师+固
定数量的同龄学生。

我们有充分的证据表明把老师和学生绑定在一起，而老师之间无法有效

---

① 《孩子可以自我教学》，LIFT2007，TED演讲。
https://www.ted.com/talks/sugata_mitra_shows_how_kids_teach_themselves? language_en

10 让老师们走出自己的教室，给他们一个可以工作的区域并像专业人士一样合作，这可能是教育最大的革新之一。贯穿整个学校日的合作远比老师在校的任何一周单独用一两个小时进行小组讨论备课更有效。

图为盖恩斯维尔佛罗里达大学PK·扬发展研究学校。

地合作，这样的体系从老师和学生的角度来看确实可怕[1]。我们的想法是摒弃基于教室的模型，转向学习社区的模型；如此，老师和学生不会被困在教室里。而且在学校日里学生分组的大小以及如何跨年龄分组可以有所变化，并且师生的比例也可以不断变化从而最有效地开展学习[2]。

合作型教师团队的优势在于学生可以不断接触关心他们的成人群体，而不是主要依赖于教室里的某位老师。从老师的视角来看，他们不再与同事隔离，而是能够彼此合作研发有趣的、吸引人的多学科课程。从社交的角度来看，与同事密切合作的老师更可能实现自己的职业发展。所有这些都反映在学生有了更好的表现——不仅考取好成绩，而且学得更投入、充实、开心。

① 《学校改革丢失的链接》，作者凯丽·R.莱安娜，斯坦福社会创新评论 2011。

② 《重新设计一所好学校》，普拉卡什·奈尔著，中国青年出版社出版，2019。

3 第三章
活动场景的创意设计
CHAPTER

"活动"涉及学生在学校时，不管来自于个人还是社交环境中的所有体验。这个领域也给学生情感与精神的成长和滋养提供最好的机会。以下方面涉及"活动"这一类别：

- 小组合作
- 放松
- 冥想
- 社交
- 饮食
- 园艺
- 照顾动物
- 体育健身
- 社区服务

小组合作

学校为学生学习和团队合作的实践提供了最好的环境。总体而言，学校的建立是为了实现个体成就，即使

1 学生作为团队的成员为了共同美好的目标而努力，他们也能从集体的智慧中受益，并为他们长大后的成功磨练技能。几乎21世纪初期和中期所有职业的技能都需要不同层次的团队合作，因此有必要在学校获得这些技能。

2 越早教会学生按小组
合作越好。教育的重心从
竞争转移到合作，从根据
诸如考试成绩这样对成功
狭隘的衡量转移到关注团
队精神、共情以及对多样
性的欣赏。

图为盖恩斯维尔佛罗里
达大学PK·扬发展研究
学校。

这样的成就有时需要以团队的形式实现。学生作为团队的成员为了共同美好
的目标而努力，他们也能从集体的智慧中受益，并为他们长大后的成功磨练
技能。再次思考第二章谈及的2020年所需的前十项技能，你会注意到几乎所
有这些技能都需要团队合作。可以确切地说学生离校后的人生当中，有一部
分要求是他们学习如何成为团队不可或缺的成员，与其他成员共同完成更高
的目标，这样的目标并非个体独自付出努力就能做到。

　　从空间设计的角度来看，我们想到的是可以利用教室以外的一些区域让
学生团队进行合作。这样的区域可以是让两名学生结对合作的小组讨论区，
也可以是供五到八名学生使用的小组活动室，一个圆形咖啡桌，一张舒服的
沙发，甚至是让小组在户外合作的长凳和桌子。老师尽最大的努力鼓励学生
在教室合作，让学生分成小组围坐在桌子旁，或者把小书桌合并起来；不过
若在一间小教室让几个小组的学生同时进行团队合作，这样的环境并不理想。

3 软座、豆袋椅、沙发、扶手椅、窗座以及远离活跃区的安静区域——若能与大自然联结更好——这些都是学校能够鼓励并庆祝"放松"这一概念的重要方式。

图为科罗拉多州博尔德谷草地鹨学校

弗雷德·J. 福尔麦斯特摄影。

放松

放松的需求很容易被搁置，或者成了学校无法提供给学生的奢侈品而受到冷遇。毕竟，学生在家里或是周末和假期都有足够的时间休息，他们为何在学校也需要休息呢？答案在于人类大脑运作的方式。卡尔·齐默写过一篇发人深省的论文发表在《探索》（*Discover Magazine*）杂志上，论文的题目为《大脑，停止集中注意力：走神是一个关键的精神状态》。根据齐默论述，"研究人员认为游走的心智对于设定目标、探索发现以及平衡的生活也许是重要的。"[①]这些事情不一定全部都在家里做，所以学校为学生提供时间和地点休息一下也有意义，哪怕只是在一个通常排满课程和活动的学校日休息片刻。

> 若在一间小教室让几个小组的学生同时进行团队合作，这样的环境并不理想。

---

① 《大脑，停止集中注意力：走神是一个关键的精神状态》，作者卡尔·齐默，探索杂志，2009.7-8。

4 天气好的时候，可以考虑送孩子们到户外放松、学习或交流。学校和学校设计师常常忽略户外作为放松之地的价值。

从建筑学的角度来看，软座、豆袋椅、沙发、扶手椅、窗座以及远离活跃区的安静区域——若能与大自然联结更好——这些都是学校能够鼓励并庆祝"放松"这一概念的重要方式。

冥想

冥想与放松紧密联系，它也是学校要好好鼓励学生参与的一项活动。尽管学生在家里也能冥想。然而，考虑到他们长大后将步入日益复杂和压力重重的世界，毫无疑问，让学生在校期间参加冥想这项活动令他们当下及今后

5 考虑到我们的学生长大后将步入日益复杂和压力重重的世界，毫无疑问，让学生在校期间参加冥想这项活动让他们当下及今后的人生都受益匪浅。即使学校无法魔术般地创建类似犹他州雪谷砂岩顶这样的场景，还是可以组织学生参加冥想练习的。

亚伦·霍金斯拍摄。

的人生都受益匪浅。

博尔德谷中学于2007年春季首次引进安静时刻（QT）这个减压项目，学生可以自主选择参加这项活动。自从开展安静时刻这个项目，该学校减少了50%的暂令停学和65%的逃学[①]。

> 让学生在校期间参加冥想这项活动令他们当下及今后的人生都受益匪浅。

冥想的好处是可以在任何地方开展——没错，甚至在教室里也可以，既然是一项安静的活动，如果能够与邻近区域做隔音处理大有益处。

社交

我们有一位教师朋友讲述了一群重要的外国宾客到访他课堂的故事。宾客观察到他的一些学生很投入地参与讨论，于是就问他这些学生为何如此活

[①] 《冥想降低旷课和暂令停学的比例》，教托邦。
https://www.edutopia.org/stw-student-stress-meditation

6 和优秀设计的其他诸多元素一样，创建学校让学生在室内和户外能够自然且舒适地社交，多样性是关键。

图为盖恩斯维尔佛罗里达大学PK·扬发展研究学校。

> 社交技能常常被当成事业和人生成功的决定性因素。

跃——他们推断老师肯定课前给学生开展了一些动员性的讲座或课程。老师走到学生跟前，跟学生简短聊了几句，回来跟宾客解释："他们不是在讨论学校的作业。他们是因为昨晚当地棒球队比赛的险胜感到激动。"对于我们的教师朋友而言，他的学生这么做很自然。他没有一开始就下禁令：在课堂上只能开展"真正的"学习。他意识到社交实际上也是真正学习重要的一部分。确实，社交技能常常被当成事业和人生成功的决定性因素。因此，我们应义不容辞地确保学生在校期间有充分的机会开展社交。

学校各个地方的设计都应该考虑空间是否能够成为好的社交场所。大家对社交空间的需求是非常多样化的，学生自然会被这样的社交区域吸引，因为这些区域不仅满足了他们的个性需求，而且也让他们在这里找到可以相处的伙伴并了解社交活动的性质。社交区域可以各种各样，从高能的咖啡屋到安静的学习区，从圆形剧场风格的室内外席座到与学习工作室毗邻的小组讨论区。和优秀设计的其他诸多元素一样，创建学校让学生在室内和户外能够自然且舒适地社交，多样性是关键。

饮食

　　饮食当然非常重要，尤其对孩子们更重要，因为孩子比成人更常需要进食。因此，学校餐厅的设计完全是为了喂养孩子们，让他们保持体力。对于饮食，多数学校采用这种狭隘且局限的视角，从而忽略了事实是在整个人类历史中，饮食一直被当成一种社交活动，与保持体力相提并论。除了学校日期间一些笼统的社交之外，我们赞成在学校创建咖啡馆，这样喝饮料、吃零食或吃饭的同时可以进行社交。这一路径破除了制定严格就餐时间的旧有观念，那么做像是由学校决定学生何时饿了才能吃东西，然后大家一起去吃饭。我们的论点是学生在学校日内都能吃东西、喝水，而且能够在饮食期间和自己的同伴交流，也可以饭后独自或和朋友一起继续完成他们感兴趣的学习或作业。

　　从设计的角度来看，我们建议学校即使只有一个中央厨房准备所有的餐

7 学校就餐的地点不再像传统学校餐厅那样带有纯粹的实用性和机构性。如果餐厅像咖啡馆那样，那么午饭之后也可以使用这个场所，而且在整个学校日期间以及放学后开展活动都可以使用。适宜的可移动的家具、容易清洗的地面、好的声响设备、可以观察自然、与户外的联结，这些品质都是在学生咖啡馆能看到的。

图为科罗拉多州博尔德谷巅峰中学。

> 学生在学校日内都能吃东西、喝水。

饮，也不要以就餐功能作为中心。有很多可以操作的方法，比如建立一个大型中央咖啡馆，还可以建立一系列分布校园各处的小咖啡馆，同时允许学生在户外就餐区饮食；户外就餐区可以设在咖啡馆旁边或在其他荫蔽的地方——有自然环境就更好了。我们在《学校设计的语言》（*The Language of School Design*）这本书讨论过这个话题①。

园艺

大人们慨叹孩子们的大部分时间都在屏幕前度过——包括手机、平板、电脑和电视。这样的代价是他们待在室内的时间越来越长。上学也是室内活动，但我们建议尽力将学习活动搬到户外。园艺是最适宜的户外活动。所有学校都应该尝试创建一个厨房花园。在土地和天气允许的情况下，学校也可以努力构建社区花园。

学生都很喜欢这项活动。园艺也有很多辅助的益处，比如呼吸新鲜空气，更好地认知健康及营养，让身体变得更活跃，学习团队合作和社区建设等等。

寻求与当地机构合作来开创学校的蔬菜花园。用蒙特利尔基地的一个有

> 将花园变成你们的餐厅、生物课或体操课的一部分，让你们的学校切实优先考虑健康的生活和饮食。

机花园小组的话说："想象你们转型后的校园，里头种满了水果树、浆果和四季不断的蔬菜。把没被充分利用的空间转变成一个积极的空间，从中学习植物与自然并与之联结。"②

"如此孩子们可以学习自然，与

---

① 《学校设计的语言》，作者普拉卡什·奈尔，兰迪·菲尔丁和杰弗里·莱卡尼。Designshare. 第三版，2013。

② 引自Urban Seedling网站，加拿大蒙特利尔。http://www.urbanseedling.com/about/

8 让孩子们做园艺有很多益处。园艺让孩子们接触自然，呼吸新鲜的空气，对水果、蔬菜感兴趣，从而更喜欢吃这些食物，远离电脑屏幕、参与体育活动，并更加具备环境意识。这张图片展示了孩子们正在加州参加一个植树活动，该活动由"一起成长"赞助。詹森·克莱瑞摄影。"一起成长"：创始人马利卡·奈尔。

此同时学会如何照顾植物和彼此。他们发现食物从哪里来、如何成长以及品尝他们劳动的果实。特别喜欢甜食的孩子，可以通过品尝真正的自然美味——比如草莓、木莓、蓝莓来治疗。在你们的校园种一棵水果树。将花园变成你们的餐厅、生物课或体操课的一部分，让你们的学校切实优先考虑健康的生活和饮食。"[1]

加州奥克兰基地的非营利性机构"一起成长"以此种方式支持服务水平欠佳的社区和学校，使得有机花园成为教育、健康生活和社区建设的途径。

照顾动物

比如可以通过各种各样的方式让学生在学校照顾动物：在教室里养金鱼、仓鼠和小兔子，或者养护一个小鸡窝，甚至管理一个宠物动物园。这教会了

---

[1]　见http://www.growingtogetherproject.org/

9 在学校照顾动物对学生而言是件好事。它教会学生情感共鸣、责任和纪律，以及建立孩子们与动物的情感纽带。乔尼·穆瓦尼拍摄。

> 通过各种各样的方式让学生在学校照顾动物，这对学生而言是有益处的。

学生情感共鸣、责任和纪律，以及建立孩子们与动物的情感纽带。

尽管孩子们可以和动物亲密接触，而且其他益处也显而易见，孩子们可以照顾动物的项目却不是所有学校的常设项目。巴拉腊特文法学校的农场项目值得模仿。在这里，四年级的学生大部分时间在一个活力满满的农场度过。很多学习我们认为只能在教室开展，而事实上这个项目展示了在自然中能更好地开展学习：学生可以呼吸到新鲜的空气，学习有价值的生活技能，身体变得更活跃并且还可以照顾动物。

体育健身

"世界卫生组织警告过，缺乏运动是导致疾病和残疾的一个主要原因。长期伏案、不爱活动的生活方式增加了死亡率，加剧了心血管疾病、糖尿病以及肥胖症的风险，增加了结肠癌、高血压、骨质疏松症、脂质紊乱、抑郁症

10 保持身体健康不仅指正式的体育运动，实际上也是一种生活方式，即活跃的生活方式，这与长期伏案、不爱活动的生活方式截然相反。对学生身体健康的承诺需要学校提供合适的室内和户外设施来开展正式和非正式的体育活动。当然这也需要安排日程，在每个学校日提供充分的时间，让学生站起来走动，而不是大量的时间都坐在教室里。

等风险。"①

> 保持身体健康所体现的生活方式不仅是做运动。学校需要向幼龄学生强调身体健康的意义。

　　体育健身所体现的生活方式不仅是做运动。学校需要向幼龄学生强调体育健身的意义。我们完全赞成多数学校的体育健身项目——大部分在室内体操房开展，有些在操场，一些在运动跑道、运动场以及游泳池。这意味着对学生身体健康的承诺要求学校提供合适的室内和户外设施得以开展正式和非正式的体育活动。

　　我们赞成让学生活动和健身的所有活动。然而，我们也想指出还有一些别的方式维护身体健康。这包括减少学生坐在椅子上的时间，让他们在学校日里站起来、走动——不是强迫他们这么做，而是作为他们参加某项活动自然而然的一部分。比起基于教室的教育模型，基于学习社区模型的学校设计

---

① 《世界卫生组织警告，缺乏运动是导致疾病和残疾的主要原因》，
http://www.who.int/mediacentre/news/releases/release23/en/

让学生可以多走动、多活动。

社区服务

我们认为有必要给学生提供机会为他们的社区服务。这样的机会可以根据学生不同的年龄妥当设计。要正确安排，不是迫使学生做社区服务，而是让他们自发地服务，并且成为他们受教育重要的一部分。为了让学生从这样的体验中充分受益，他们对自己要做什么、帮助谁以及花多少时间做社区服务应该有发言权。

"参与社区服务让学生获得机会，成为社区的活跃成员，总体上对社会也有持续、积极的影响。社区服务或志愿者活动让学生能够获得生活技能与知识，并且给那些最需要帮助的人提供服务。"[1]

这一章节列出的所有活动源自世界各地大多数学校。然而，我们想论证的是学校一般把这些活动当成次要的，更糟糕的是认为这些活动分散了学生"真正"学习的注意力。当然，这本书的中心论点是没有什么比生活更能提供丰富的学习了。我们坚信学校应该并且首先要让孩子们过上好生活，然后从这样的体验中提炼出所有重要的课堂，这些课堂将贯穿他们整个人生——从孩童、青少年、年轻人到成人各个阶段。用约翰·杜威的话来说，"教育不是为生活准备，教育本身就是生活。"

> 要正确安排，不是迫使学生做社区服务，而是让他们自发地服务，并且成为他们受教育重要的一部分。

---

[1] 《社区服务为何重要？》，佛罗里达国立大学，2013. 4. 8.
http://www.fnu.edu/community-service-important/

11 社区服务给学生提供机会，让他们变成社区的活跃成员，总体上对社会也有持续、积极的影响。社区服务或志愿者活动让学生能够获得生活技能与知识，并且给那些最需要帮助的人提供服务。埃里克·帕瑟姆拍摄。该活动由"一起成长"组织。

4 游戏情景的有序操作
CHAPTER

从某种程度上说，游戏在21世纪迅速成为学习的主要形式。孩子们从非常小的年龄就把游戏作为模拟生活的方式。想想自发游戏的特征——这些特征同样适用于下棋和踢足球。1）游戏是自然的。2）游戏有活力。3）游戏有创造性。4）游戏需要策略。5）游戏帮助你从错误中学习，以及 6）游戏让人投入且激动人心。从学习的角度来看，游戏体现了我们理想的学校体验的精髓。

以下是涉及"游戏"这一类别的领域：

1 在一些例子中，比如孩子们在户外的大型象棋棋盘下棋时，这样的社交游戏甚至包含了身体活动和练习。

- 社交游戏
- 可操作的游戏
- 体育活动：游戏与运动
- 使用不同材料的创意游戏
- 电子游戏
- 在自然中玩耍

> 可操作的游戏允许孩子们通过操纵手头上的物件来掌控它们的世界。

社交游戏

社交游戏的一些类别如下[①]：

1. 纸牌游戏、棋牌游戏以及诸如象棋这样需要大脑灵敏的游戏。这些游戏通常都在室内进行，但许多户外区域也可以用于开展这种类型的社交游戏。在一些例子中，比如孩子们在户外大型象棋棋盘下棋时，这样的社交游戏甚至包含了身体活动和练习。

2. 角色扮演。"演员们在某个虚构的场景中扮演人物角色。他们或是演绎某个故事的角色，或是通过讨论决定如何塑造人物来进行排练。"[②] 显然，许多人文学科的教学采用这样的角色扮演

2 许多人文学科的教学，包括自然学科的教学，都可以采用角色扮演这种非常有效的方式，学生可以演绎他们喜爱的角色。

---

① 社交游戏，维基百科。https://en.wikipedia.org/wiki/Social_gaming

② 同上。

是非常有效的方式，但自然学科也可以进行角色扮演，比如学生可以演绎他们喜爱的科学家等。从学校设计的角度来看，角色扮演可以在学校礼堂这样正式的场地开展，而诸如学习社区里毗邻学习工作室的公共区域这样不太正式的场地也可以开展。

可操作的游戏

可操作的游戏指孩子们在活动中可以移动、排列、旋拧物件让它们各就各位。这样的游戏允许孩子们通过操纵手头上的物件来掌控它们的世界。孩子们一般独自玩耍这样的游戏，但如果资源充足，也可以把这类游戏发展为合作型的活动。可操作的装备能够帮助孩子们：

a. 练习做决定

b. 学习尺寸、形状、重量、长度、高度

c. 学习顺序、比较、秩序、格式、颜色、材质

d. 学习分析和解决问题

3 可操作的游戏允许孩子们通过操纵手头上的物件来掌控它们的世界。孩子们一般独自玩耍这样的游戏，但如果资源充足，也可以把这类游戏发展为合作型的活动。学校需要为参加可操作游戏的孩子们提供充分的自由移动的空间。

图为孟买的美国学校小学部。

4,5 室内体育馆是多用途的场地，除了诸如篮球、排球、羽毛球等正式的体育活动之外，其他各种各样的体育活动都可以开展，包括啦啦队训练、体操、慢跑、舞蹈、躲球游戏等等。体操房也可以设立一个攀岩区域。意识到体育活动价值的学校会确保最大程度使用他们的室内体育馆。只要不对学校的运动项目产生负面影响，我们赞成把体育馆当成多功能空间用来表演和举办其他大型聚会。

e. 发展注意力和毅力

f. 学习因果关系[1]

可操作的游戏需要学校妥当地配备充分的存储空间，这样物件不使用时可以收起来。一些可操作的游戏在桌面上开展效果最佳，所以可以随时准备

---

[1] 新西兰教育部，《关于游戏的想法：可操作的游戏》。
https://education.govt.nz/early-childhood/teaching-and-learning/learning-tools-and-resources/play-ideas/manipulative-play/

6 有些健身运动需要特殊的设备，类似图中展示的器械和杠铃健身室，一般都在体操房旁边。一些诸如足球和划船等运动在教学楼外面开展时，也需要室内的体能训练，所以这样的设施很重要。倘若学校买不起诸如此类的专业设备，可以和社区健身中心签订使用协议。在学校日期间社区的这些设备利用率一般不高，学校就可以利用起来。这将为就读学校资源较少的学生补充游戏场地。

一些这样的游戏，其他一些游戏需要在地板上开展效果较好。

体育活动：游戏与运动

这类活动可以在室内体育馆开展，也可以在户外的操场进行。它涉及整个系列的体育活动，包括通过操练和游戏来训练大肌肉群、参加组织的个人或团队运动。游泳（休闲或竞技）就属于这一类别。这类活动提供了关键的健康益处，同时发展重要的生活技能。尽管不是每所学校都负担得起让学生受益的完整系列的体育活动，学校也应该努力联系当地合作伙伴签定协议，共享诸如体育馆和游泳池这样的社区设施。

使用不同材料的创意游戏

可操作的游戏一般通过具体设计来提升某项特殊的学习技能，而创意性游戏则鼓励孩子们创意应用日常使用的材料，诸如纸张、木头、金属、布料、岩石、沙土等。堆筑沙雕城堡或叠一架纸飞机是应用不同材料做创意性游戏的例子。还有一些例子是利用大自然的材料做创意性游戏："大小不同的松果、大羽毛、丝瓜、浮石（煮一下保持清洁）、干葫芦、柠檬或橘子、羊皮、羊毛球、大叶子、大贝壳、椰子壳、玫瑰花瓣、树皮、花环、棍子、石头、浮木，

7 应该鼓励孩子们花时间在室内和户外创意地应用日常使用的材料。事实上，使用的材料"设计性"越少，孩子们越将发挥更多的想象力让这些材料变得有用，并将这些材料用于创意性的活动中。

以及装有薰衣草、迷迭香、百里香的小布包。"[1]

> 姑且不谈电子游戏令人上瘾的可能性，这一点显然不健康，然而有证据表明如果适量地玩电子游戏，有许多益处。

电子游戏

毫无疑问，全世界的孩子都在电脑上着迷地玩类似《我的世界》（*Minecraft*）这样的游戏，而且到了几乎痴迷的地步。因此，需要家长限制孩子们上网的时间，同时引导他们做其他活动，最好是户外活动；通过这些方法消除孩子们对电子游戏的沉迷或上瘾。姑且不谈电子游戏令人上瘾的可能性，这一点显然不健康，然而有证据表明如果适量地玩电子游戏，有许多益处。这里是"教而思"职员指出的六种益处，他们认为"网游可以提升孩子的学习和发展。"[2]

1. 增强孩子的记忆力

2. 增加计算机及模拟熟练度

3. 有助于形成快速的策略性思考以及解决问题

4. 发展手和眼的协调性

5. 有注意力障碍的孩子特别受益

6. 技能构建（比如，读地图）

许多父母认为游戏是孤独或愚蠢的，但并非如此。事实上，学校可以利用电子游戏主要的社交维度，将其合理地融入课程中。比如，现在全世界的学校都使用《我的世界》。"《我的世界》都是关于在构建技能中分享、在分享

---

① 新西兰教育部，《关于游戏的想法：可操作的游戏》。
https://education.govt.nz/early-childhood/teaching-and-learning/learning-tools-and-resources/play-ideas/manipulative-play/
② 《基于游戏的学习的六个基本益处》。
https://teachthought.com/technology/6-basic-benefits-of-game-based-learning/

8 有证据表明如果适量地玩电子游戏，有许多益处。事实上，网络游戏可以从某种程度上提升孩子的学习和发展。与其克制学生玩电子游戏的冲动，学校不如创建舒适区，在里头放置人类环境改造学的家具（要是有自然光和户外视野就更好了），如此学生就可以在这样的区域通过游戏学习，学习也变得有创意，学生沉浸其中、学得更投入。

中构建技能。"[1] 谈及《我的世界》这样的网络教育，快捷公司如是说："这个让老师们在课堂上采用《我的世界》的潮流，应用这个软件布置作业、创建边界以及引导学生一起创造。阿伦·格申非德是'从游戏中学习'这一领域的专家，他在最新一期的《科学美国人》中说，《我的世界》不仅是沉浸式、有创意，而且它还是一个非常优秀的平台，几乎所有的科目都能加入进来。"[2]

在自然中玩耍

孩子们常待在虚拟世界里，而距离这个世界很远的一端是大自然赐予的学习奖励，可惜多数学校没有充分地利用这一馈赠。这个问题是现实的，因为"当今越来越多的孩子跟大自然的接触越来越少。这对他们的健康和发展有很大的影响。"作者理查·鲁伟在他的书中将这样的缺失命名为"树林中最

① 《〈我的世界〉是社交网络的未来么？》, Fast Company.
https://www.fastcompany.com/3026146/is-minecraft-the-future-of-social-networking

② 同上。

9 自由且不刻意安排的户外游戏有助于提升解决问题的技能、注意力和自律。在社交方面，这样的游戏促进合作、灵活度以及自我意识。情感上的益处包括减少进攻性、增加幸福感。孩子们若可以定期参加户外自由活动，他们将变得更聪明，与别人更好地相处，更健康、幸福。

> 当今越来越多的孩子跟大自然的接触越来越少。这对他们的健康和发展有很大的影响。

后的孩子"。他称之为"大自然缺失障碍"。

有一篇《卫报》的文章，标题为"我们的孩子为何需要走出去、与自然接触"，该文章指出"肥胖症也许是缺少在自然中玩耍最明显的症状，实际上来自世界各地的几十项研究表明定期的户外活动显著改善注意力缺陷障碍（多动症）、学习能力、创造力和心智、心理以及情感健康等方面。"①

根据埃塞克斯大学今年的研究，仅仅五分钟的"绿色运动"将让年轻人受益匪浅、快速提升他们的精神及自尊心。

自由且不刻意安排的户外游戏有助于提升解决问题的技能、注意力和自律。在社交方面，这样的游戏促进合作、灵活度以及自我意识。情感上的益

---

① 《为何我们的孩子需要外出接触大自然》，卫报。
https://www.theguardian.com/lifeandstyle/2010/aug/16/children-nature-outside-play-health

处包括减少进攻性、增加幸福感。
"孩子们若可以定期参加户外自由
活动，他们将变得更聪明，与别人
更好地相处，更健康、幸福。"美
国医学协会在2005年发表的权威性
研究总结道。

> 仅仅五分钟的"绿色运动"
> 将让年轻人受益匪浅、快速提升
> 他们的精神及自尊心。

　　《卫报》的文章继续援引自然主义者、播音员兼作家斯蒂芬·莫斯的话说：
"自然不仅让孩子们体验更广阔的世界，更让他们自我体验。因此爬树让孩子
学习如何对自己负责，如何为自己权衡风险。从树上掉下来是对于风险与犒
赏的最好的一堂课。"①

　　我们建议学校至少每天留出两小时让孩子们参加贴近大自然的户外活
动——非组织性的游戏就更好了。不该让天气妨碍外出。所有学校都应该采
纳这么一句话："没有坏天气这样的事儿，只有不合适的着装。"

　　孩子们在户外最好的体验是做人们在户外自然会做的事情，比如农耕、
照顾动物等等；即使在比较正式的操场，我们也建议把一些现成的塑料滑梯、
秋千和攀玩架换成自然景观，允许孩子们做自发的、相互交流的以及创意性
的游戏。

---

① 《为何我们的孩子需要外出接触大自然》，卫报。
https://www.theguardian.com/lifeandstyle/2010/aug/16/children-nature-outside-play-health

5

学习社区的模型设计

CHAPTER

本章涉及我们较为熟悉的事情，主要包括学业成长及成就。讽刺的是，学校如此注重学业却无法展示学习本身并非终极目的，而是为了更高的目的。事实上，学生在学校的学习时常辛苦、无趣；只有当学生能够看到理论与实践的直接关联，并理解为何学校的学业会让个体受益，学生才能明白他们学习的长远价值。学生从真正的学习中获得的益处应该远远超越取悦老师或考取好成绩。让我们回想埃尔莫尔教授对学习的定义：学习要求学生"有意识地"参加某项活动，以此作为"改变"他们世界观和"学习"某项事物的序曲。

以下是"学习"这一类别涉及的领域：

- 直接教导
- 阅读
- 研究
- 实验
- 合作型学习
- 创业精神
- 展示
- 实习
- 项目

直接教导

　　总会有空间开展正式教学，尽管这种教学方式的价值取决于学生自愿还是被迫参与学习。对于"直接教导"的错觉就是一位老师对一屋子的学生讲课。学校的设计控制着这种直接教导的方式，即一群群学生被安置在不同教室，再给每间教室分配一位成人。一旦打破这种模式，并且学习环境不再强制要求老师必须和一群固定的学生在一起，那么"直接教导"这个词可以有全新的含义。一位老师能够帮助一小组学生——也许三到四名学生，或者比如当某位学生面对25到35名学生做展示，老师甚至可以对这位学生进行一对一指导。还是直接教导的形式，但效果却可能更好。在直接教导这样的模式中，让那些需要老师额外指导的学生得到帮助，这样学生的参与度更高，而且课堂不再让人觉得像批量生产。这是因为老师能够调整自己的课堂，从

1 直接教导可以采用简短讲座的形式。如果做得好，这样的讲座可以向学生有效地传递重要信息，让学生将这些信息应用于他们接下来的学习。这张图片展示了好的环境中的好老师如何吸引孩子们的注意力，让他们都参与进来。

2 在这个例子中，以小组为单位开展直接教导，这样的场地显然是设计给学生自主学习用的。老师使用可卷起的白板，边讲解边写出一些基本信息，以此引导学生发展自己的想法，然后小组合作或独立完成学习。

图为坦帕圣名学院佛罗里达中学的智能实验室。

而上课的每位同学都享受到最佳益处。直接教导的另外一个重要改变是不再对一群被迫上课的学生授课，而且不受传统学校强加的"上课时段"等日程安排的限制。在我们描述的这个模型中，一堂直接教导的课程可能短至两分钟或长至一个多小时，取决于所教授内容以及学习者的需求。

阅读

很少有比阅读更让学生受益的学习活动。作家拉娜·温特·哈伯特谈及了阅读作为每个人日常活动的十个益处。以下是她列出的清单[①]：

---

① 《阅读的十个益处：为何你应当每天都阅读》，作者拉娜·温特·哈伯特。Lifehack. https://www.lifehack.org/articles/lifestyle/10-benefits-reading-why-you-should-read-everyday.html

1. **精神鼓舞**

2. **减压**

3. **获取知识**

4. **词汇拓展**

> 老师能够调整自己的课堂，从而让上课的每位同学都享受到最佳益处。

3,4 很少有比阅读更让学生受益的学习活动。然而，孩子们在学校很少自愿、开心地阅读，而且没有太多舒适的地方让他们陶醉在书中。以往阅读是图书馆的领域，但如果配备舒适的桌椅并从其他科目赢得充分的课后时间，学生在学校任何地方都能够阅读——尤其在他们主要的学习区域，比如教室和学习社区。

图为德克萨斯州圣安东尼奥，安妮·弗兰克启迪学院。

5. 改善记忆

6. 更强的分析思考技能

7. 提高专注力

8. 更好的写作技能

9. 获得宁静

10. 免费娱乐

尽管上面谈及这么多益处，多数学校很少营造鼓励这项活动的环境。当然，学校图书馆是例外，但学生有多少时间到学校图书馆舒适地坐下来读书？我们认为学校应该提供各种室内和户外场地方便阅读，学生在校期间都可以到这些地方读书。同样学生应该能够自由地获取各种阅读材料，而不是局限于老师布置的书籍，指定书目不仅剥夺了阅读的乐趣，而且让阅读变成一项任务而不是本该有的愉快活动。

研究

随着过量的信息通过各种媒体蜂拥而至，研究作为一项重要的生活技能，其重要性日益凸显。比起以往任何时候，现在学生都更需要区分事实与宣传，并学会寻找多

> 达芬奇向我们展示实验是真正创造力的核心，而且只有当一个人能够跨越熟悉的安全界限，勇敢地寻找舒适区之外的事物，新的想法才会产生。

种数据来源支撑他们在网络找到的信息。这里列出七个理由表明为何学生在学校不仅要有时间学做研究，而且要成为名副其实的研究者[①]。研究是：

1. 构建知识和有效学习的工具

---

① 《研究为何重要的七个理由》，作者利恩·扎拉。Owlcation—Academia.
https://owlcation.com/academia/Why-Research-is-Important-Within-and-Beyond-the-Academe

5 随着过量的信息通过各种媒体蜂拥而至，研究作为一项重要的生活技能，其重要性日益凸显。比起以往任何时候，现在学生都更需要区分事实与宣传，并学会寻找多种数据来源支撑他们在网络找到的信息。现在可以在任何时间、地点使用笔记本电脑并通过无线网络做研究，而且研究也成为任何科目或课程的一部分。

图为纽约查巴克，贺瑞斯·格里历高中。

2. 理解各种议题的方式

3. 商业成功的助手

4. 证实谎言、支持真相的方法

5. 寻找、衡量以及抓住机会的方式

6. 爱阅读、写作、分析以及分享宝贵信息的种子

7. 对头脑的滋养和训练

这对学校以及学校设计的方式提出了重要的问题。何时、何地以及如何让研究成为每个学校日不可或缺的一部分？

实验

实验指实验者采取一系列步骤来证实或反驳某种假设。在学校，科学实验室限定与"实验"相关的条件和活动。然而，实验是我们一直以来都在做

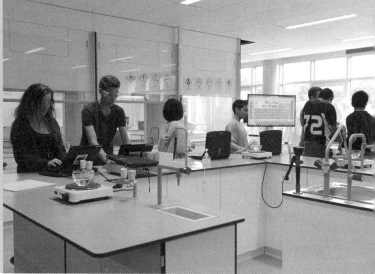

6,7 一般在学生们的自然科学课程中做实验，但也可以在诸如艺术、语言、戏剧、音乐、数学、园艺、厨艺以及运动这些领域开展这项活动。

的事情。实验反映了我们努力尝试某些与众不同但结果不确定的事物。实验意味着打破现状观察结果。我们认为学校应该采纳关于实验这个更宽广的视角；鼓励学生尝试新事物、不怕犯错、从错误中学习并再次尝试。实验能够并且应该在学生的自然科学课程中开展，但也可以在诸如艺术、语言、戏剧、音乐、数学、园艺、厨艺以及运动等领域开展。

我们常常喜欢把列奥纳多·达芬奇当成终极的实验者。达芬奇向我们展示实验是真正创造力的核心，而且只有当一个人能够跨越熟悉的安全界限，勇敢地寻找舒适区之外的事物，新的想法才会产生。在学校设计这方面，我们需要渗入的是一种冒险文化以及超越自然科学、关联到所有学科领域的实验文化。

合作型学习

合作型学习这一学习方式现在广为接受——意即教育工作者和教育研究者都赞成这样的学习方式。与个人的、竞争性的学习相比，这是一项更好的选择。"不像个人学习，本质上带有竞争性，学生一起学习可以让彼此的资源和技能最优化（向对方咨询信息、评估对方的想法、督导对方的学习等等）。"[①]

合作型学习要求两名及以上的学生一起朝着某个共同目标学习。学习的本质可以依据小组参与解决的问题以及需要完成的附加作业各有不同。虽然可以在教室里开展合作型学习，但如果是涉及团队或小组活动的合作型学习，教室却不是理想的场地，原因如下：

通常情况下，如果让所有学生开展合作型学习，教室的空间不够，因为需要重新放置桌椅，这样各个小组之间才有充足的空间。

与个体学习的模式相比，在合作型学习活动中团队成员有更多的互动。这将增加教室的噪音，对学习的质量产生不利影响。

---

① 合作型学习，维基百科。https://en.wikipedia.org/wiki/Cooperative_learning

8 合作型学习这一学习方式现在广为接受——意即教育工作者和教育研究者都赞成这样的学习方式，与个人的、竞争性的学习相比，是一项更好的选择。"不像个人学习，本质上带有竞争性，学生一起学习可以让彼此的资源和技能最优化（向对方咨询信息、评估对方的想法、督导对方的学习等等）。"

当学生开展团队活动来解决某些重大问题时，可能团队的不同成员需要完成不同任务。这时学生可能要应用更多的学习方式，而不是被局限于教室环境。

由于上述原因，需要进行小组合作的合作型学习最好在学习社区而不是教室开展。学习社区提供多种学习模式，有更多的空间可以移动，因此为合作型学习提供了更有效的环境。

创业精神

"多数机构没有教授当代教育的核心——创业精神，这不仅指开创公司的能力，而且指创意性和有抱负地思考的能力。"[1]学生在校期间常常做着枯燥、重复性的任务，生搬硬套被迫记忆的信息，难怪许多才华横溢的学生在学校发展受限。

---

[1] 《学校为何应当教授创业精神》，作者弗洛里娜·罗多夫，萨布丽娜·特鲁恩。企业家。
https://www.entrepreneur.com/article/245038

9 学生企业家有广泛的机会表达自我。比如，他们可以在学校开启小规模商业孵化，为当地社区服务，他们可以办展览及出售学生作品来提升高质量的学生艺术项目，他们可以创建"品牌"学校产品，并把产品销售到更大的社区。

图片改编自"真正企业家"（REAL Entrepreneur）

然而，学生企业家有广泛的机会来表达自我。比如，他们可以在学校开启小规模商业孵化，为当地社区服务，他们可以通过办展览及出售学生作品来提升高质量的学

学生在校期间常常做着枯燥、重复性的任务，生搬硬套被迫记忆的信息，难怪许多才华横溢的学生在学校发展受限。

生艺术项目，他们可以创建"品牌"学校产品，并销售到更大的社区。在第十章，我们提议设计"年轻企业家工作室"，在这个实体空间，学生企业家可以学习策划、启动并运营某项真实的商业。

"玛雅·佩恩，一位13岁TED演讲者，在网上出售自己编织的披肩和帽子，并把10%的收益捐给非营利组织。16岁的天才儿童艾瑞克·芬曼回忆自己被老师劝退退学后在麦当劳打工，之后创建了视频聊天辅导项目'邦塔格尔'及启动'一日实习'项目，后者让实习生与各家公司联结，其中包括职场面试

环节。"[1]

把这些活动和成果与某个典型的学校日开展的事项对比。我们应当重新思考如何组织时间、空间和课程，这样本来可能在学校虚度时光、一事无成的年少天才就可以脱颖而出、茁壮成长。

展示

在新德里的VEGA学校，年龄仅9岁和10岁的学生引领来访者全面地参观校园。校园参观完毕，他们请来访者坐下来听他们详细地展示自己的目标、成就和挑战。VEGA学校的学生跟其他学校的同龄孩子没什么区别，不同的是在VEGA学校，他们有机会成为自己的代言人。VEGA学校的学生较早接触公众展示，他们因此构建的自信让他们毕业时掌握了一项重要的生活技能，这个技能不仅在他们的职业领域发挥作用，而且在私人和社交情境中也很有意义。

关于强大的展示技能为何重要，乔治·托洛克提供了以下六点原因[2]：

1. 它有助于个体的成功

2. 它是商业成功的一个重要决定因素

3. 它减轻多数人面对公众展示自己想法时的压力

4. 学会在严格的时间限制下言简意赅

5. 它是优秀领导力的一个重要特征

6. 它能够积极塑造公众形象和观点

为了让学生早一步成为高效的沟通者，他们需要在自己的人生历程中尽早磨练展示技能。[3]整栋教学楼都需要构建空间供大家做正式和即兴的展示，

---

① 《学校为何应当教授创业精神》，作者弗洛里娜·罗多夫，萨布丽娜·特鲁恩。企业家。
https://www.entrepreneur.com/article/245038
② 《为何展示的技能很重要？》，作者乔治·托洛克。
https://www.torok.com/articles/presentation/WhyArePresentationSkillsImportant.html
③ 本书第十章将更详细描述VEGA学校的情况。

10 为了让学生早一步成为高效的沟通者，他们需要在自己的人生历程中尽早磨练展示技能。整栋教学楼都需要构建空间给大家做正式和即兴的展示，不管是否应用科技，所有年龄的学生都要能毫不费劲地做展示。

不管是否应用科技，所有年龄的学生都要能毫不费劲地做展示。

> 实习为学生提供最好的机会接触现实的工作，并检视他们在学校培养的技能如何应用于职场。

实习

实习为学生提供最好的机会接触现实的工作，并检视他们在学校培养的技能如何应用于职场。约翰·杜威的格言，即学校不是为人生做准备，学校本身就是人生；如果学生所在学校践行这一格言，那么这些学生将更容易适应实习的世界——而且他们也会从在外面世界中的学习受益良多。

以下是CNN关于实习重要性的报道。[①]

---

① 《实习为何如此重要？》，作者贝丝·布拉克西奥·赫林。CareerBuilder.com. 2010.4.14.11:09a.m. EDT CNN.
https://www.cnn.com/2010/LIVING/worklife/04/14/cb.why.internships.important/index.html

"实习让你一脚踏进未来雇主的世界，让你的简历看起来漂亮出色，此外，实习还有其他优势：

1. 试水某一职业的机会（我做市场营销还是做广告更开心？我要从事和病人相处的职业还是待在实验室更舒服？）

2. 搭建人脉的机会

3. 和导师建立关系

4. 有可能获得大学学分或证书

5. 了解某个领域的文化和礼仪（是用姓氏称呼客户吗？星期五随意地穿牛仔装合适吗？）

6. 积累新的技能

7. 对某个职业获得"现实世界"的视角（雇员实际上需要加多少班？办公室办公的时间和实地现场办公的时间分别是多少？）

> 学生外出实习，待他们回归学校时，迎接他们的应是一个更舒适、以学生为中心的学习环境，这一点证实了我们需要设计与一百多年前不一样的学校。

从设计的角度来看，大家可能以为如果让学生外出实习，学校空间的设计就没什么关系。我们不赞成这样的观点。体验现代职场的学生回到"教室与铃声"模型的学校会感到更加脱节；要不是外出实习，他们本来还能忍受这样的模型。我们在这本书中充分解释了今日与未来的学校为何需要看起来、感受起来有所不同。学生外出实习，待他们回归学校时，迎接他们的应是一个更舒适、以学生为中心的学习环境，这一点证实了我们需要设计与一百多年前不一样的学校。

项目

让学校所有的学习都以"项目"为基础开展，这么做并不难。毕竟，事实和数据与真实的情境或应用的机会脱节，这样的"学习"持续的真正价值何在？大脑研究告诉我们，虽然我们能够在一段时期内回忆考试需要的信息，但是大脑不会保存不再使用或没有价值的信息。这使得

> 让学校所有的学习都以"项目"为基础开展，这么做并不难。毕竟，事实和数据与真实的情境或应用的机会脱节，这样的"学习"持续的真正价值何在？

大家在学校学到的大部分"东西"变得无用且没有必要，因为这样的信息早晚会被忘记。

11 从空间设计的角度来看，一所学校能够成功设置基于项目的课程，其主要的驱动力在于包含更多亲手实践的学习领域。换言之，少讲理论、多做实践将需要更多的场所来做实践。亲手实践的学习不仅可以在科学实验室和"制作者空间"开展，也包括诸如可以开展研究、合作以及亲手实践、多学科项目的空间。图为夏威夷中太平洋研究所。

　　另一方面，项目却可以提供一个直接、相关、让人投入的方式来应用所学的知识，检验这些知识的价值，也确保这些知识持续有用。"基于项目的学习帮助学生发展在知识性、高度科技化的社会所需要的生活技能。传统学校消极学习事实并死记硬背的模式已不足以让学生为当今世界里的生存做好准备。"①

　　从空间设计的角度来看，一所学校能够成功设置基于项目的课程，其主要的驱动力在于包含更多亲手实践的学习领域。换言之，少讲理论、多做实践将需要更多的场所来做实践，而不是只在科学实验室和"制作者空间"才能开展亲手实践的学习。我们认为学校教学楼的多数场所，包括户外学习区域，都应该用于积极的学习，这意味着需要大面积的工作台、水源、耐磨地板、高天花板、可以使用相关的设备、有存储空间及展示空间、有妥当的日照光、隔音效果以及科技。

① 《基于项目的学习为何重要？——教室开展基于项目的学习有许多优点》，教托邦。2007.10.19。
https://www.edutopia.org/project-based-learning-guide-importance

6

第六章
创造力激发的环境提供
CHAPTER

"创造"是当今和未来的学校所追求的。暂停片刻,好好思考数以亿计的信息页面、游戏、音乐、服务、课程以及技能构建的具体工具,现今这些都可以在网上获取。现在问你自己:如此浩瀚的资源财富,有多少是学生在校期间创造出来的?可以确切地说,世界各地的青少年对于网络资源有不少有创意的贡献,但同样也可以确切地说这些贡献大部分都不是在学校创造出来的。当学生从被动的网络吸收者转变成活跃的贡献者,年轻人的巨大潜能得以释放,而整个世界也从中受益,而且我们也能够让他们更好地为有创造力、有挑战性的人生和事业做准备,从而得以在其中成功地遨游,并且越做越好。

简单地说,"创意"指开发之前不存在的某些事物。创造性并不等同于开发给大众消费的创意内容。创意存在于人类行为的不同层面。可以通过创意的方式让社区和社会井然有序或寻找创新的解决方案来应对常年困扰人类的问题。创意可以有许多不同的范畴——从最小的任务到改变世界的远见。

学校应当训练学生挖掘自己创意的一面,并为学生提供相应的"空间",让每位学生在这样的"空间"完全体现创意技能。讽刺的是,老师越有"创意",好像对学生的创意需求就越少。因此老

> 当学生从被动的吸收者转变成活跃的贡献者,他们也能更好地为有创造力、有挑战性的人生和事业做准备。

师应当多提出开放性的问题，这些问题越是"简单"、创意不足，越能训练学生的创造性。当然，这个方向也有其他重要条件。它暗示着老师要乐意放弃他们的"控制"，准备好接受学生的学习和工作成果，尽管这些成果是否有效尚未确定。以下是我们在"创造"这一类别涉及的领域：

- 音乐
- 表演
- 美术
- 厨艺和烘焙
- 科技先行的多媒体
- 创作
- 制作和STEAM

学校应当训练学生挖掘自己创意的一面，并为学生提供相应的"空间"，让每位学生在这样的"空间"完全体现创意技能。

音乐

从学习的角度来看，音乐远远不止于唱歌和演奏乐器。音乐提升听力与注意力、促进大小运动技能的发展以及诸如看、听、触摸等感官的协调。这些技能将为学生的人生带来益处。证据表明音乐对许多领域有助益，比如[1]：

语言发展。接触音乐有助于学生增强他们解读声音和词语的天然能力。

智商提升。研究表明早期接触音乐的学生适度地提升了智商。

大脑更努力工作。有科学证据表明定期演练音乐的学生，他们的神经元活动有所扩大。

空间和时间的技能。音乐活动提升了空间的技能，并提升了学生在诸如建筑、工程、数学、艺术、游戏，尤其是使用计算机方面的能力。

有乐感。音乐本身就是礼物。学生较早接触音乐以及接受音乐教育将让他们能够欣赏音乐的美，并让音乐成为他们美学、文化以及精神发展的一部分。

---

[1] 《音乐教育的益处》，作者劳拉·路易斯·布朗。PBS Parents.

> 音乐提升听力与注意力、促进大小运动技能的发展以及诸如看、听、触摸等感官的协调。

1,2 音乐提升听力与注意力、促进大小运动技能的发展以及诸如看、听、触摸等感官的协调。学校应该努力为合唱和乐器类音乐提供充分的设备。这张拍摄自2017年3月的图片展示了德梅因全城音乐节侧影，其中有400名中学生参加了这个节庆。管弦乐队、乐团和合唱团在爱荷华州的露天游乐场举办了这场音乐会。菲尔·罗德摄影。

音乐教育还有很多额外的益处值得一提，它们包括[①]：

- 记忆力更好

- 提升手和眼的协调性

- 学习更投入

- 社会上的成功

- 情感的发展

- 促进认知技能

- 构建想象力和好奇心

- 令人放松

- 树立纪律

- 团队合作

- 自信

> 一旦掌握了音乐的根本，这个科目也可以自然地产生创造力和原创性。

学生可以通过许多方式接触音乐、参加音乐活动并接受正式的训练。不像其他活动可以在通用的空间开展，正式学习音乐一般需要特殊设计的空间。从独奏、合奏训练室，到合唱和乐器音乐工作室，到录音工作室、黑匣子剧院和大礼堂，学校需要多种多样的场地来开展音乐活动。

我们在这本书谈到"体验"的价值高于死记硬背。音乐，如同本书描述的其他表演艺术，是一个本身就自然成为体验的学习领域。一旦掌握了音乐的根本，这个科目也可以自然地产生创造力和原创性。

表演

如同音乐，学校的表演艺术也为创意性的表达提供了一个丰富的模板。学生可能在严格管制的学校日表现欠佳，但在这个竞技场里，学生可以熠熠发光。关于学校表演艺术的益处这一话题，我们调研时偶然看到澳大利亚沃

---

① 《在我们的学校教授音乐的20种重要的益处》，音乐教育国家协会。
https://nafme.org/20-important-benefits-of-music-in-our-schools/#comments

3,4 学校的表演艺术为创意性表达提供了一个丰富的模板。许多学校选择建立黑匣子剧场，以此取代常规的学校礼堂，或者作为礼堂的拓展，这样尽可能给学生在音乐和表演艺术方面最好的训练。黑匣子剧场是一个多功能空间，可以用于戏剧、舞蹈、音乐，可以作为圆形剧院，也可以用于媒体制作或作为一个多功能的展示空间。图为孟买的美国学校黑匣子剧院。

尔森德的英国圣公会主教学院列出的一个很棒的清单[1]：

1. 生活技能。学生获得重要的生活技能，因为他们了解批判性反馈的价值。

2. 创意性表达。通过创意性表达，学生学会更好地理解我们的世界。

3. 更好地做准备。中学毕业后学生可能面对挑战，学生要为此更好地武

---

[1] 《教育中戏剧和表演艺术的重要性》，澳大利亚沃尔森德英国圣公会主教学院。
http://www.btac.nsw.edu.au/2016/10/importance-drama-performing-arts-education/

装自己。

4. 认知能力。 戏剧和表演艺术是发展认知能力的渠道，可以和其他科目互补。比如，参加戏剧活动的学生学会以不同的方式贴近情境，这有助于发展创意性思维和新的学习技能。

> 学校的表演艺术也为创意性的表达提供了一个丰富的模板。学生可能在严格管制的学校日表现欠佳，但在这个竞技场里，学生可以熠熠发光。

5. 自信和公众演讲技能。 自信的构建，对公众演讲有益。学生通过艺术活动发掘的这一才能有助于养成延伸至所有学习领域的习惯。

6. 沟通。 同伴之间的沟通得以提升，因为学生参加了小组活动。这一体验也为学生提供机会展示文化领导力。

7. 独特的声音。 有些学生在学习艺术时发现了自己的"声音"。他们可能发现自己是天然的问题解决能手或具备担任领导的天性。创意性表达是构建自信的很好方式，对于内向和保守的孩子尤其有益。

8. 独处中的自我发现。 艺术也可以是独处的一种方式——孩子可以将自己关起来，与外界隔离，让自己沉浸在一个创意性的空间里。这一过程让想象力得以发展，有助于内在的探索。这促使自我得到良性的发展。

9. 情商和智力。 艺术可以作为媒介，通过这一媒介学习、排练、训练各种情感。青少年难以表达自己的情感，而艺术为孩子们提供了一个很好的方式，让孩子们探索包括开心、愤怒以及不幸等各种情感。这一体验让孩子们不断感知独立和互助。

表演艺术过去常被边缘化，因为有人认为它们不能像数学和科学那样提供"真正的"教育，而上述清单向我们展示事实上表演艺术提供了非常真实、必要的、整体的技能，与现在及未来的成功所需要的重要技能和才能紧密相连。

5 充分的数据有力支持了这样的观点：学习美术是提升所有科目学习的关键因素。需要特别关注艺术室的设计和地点。好的日照光很重要。这个空间感觉更像艺术"工作室"而不是教室，这将有助于学生表现最佳创意。可能的话，外加一个毗邻的艺术展台就更好了。

图为瑞士莱森美国学校的艺术室。

美术

美术和音乐及表演艺术都属于同一类别，因为它们本质上都是学生得以探索独特性和原创性的媒介。

"充分的数据强有力支持了这样的观点：学习美术是提升所有科目学习的关键因素。减少学生辍学、提升学生出勤率、发展更好的团队选手、养成对学习的热爱、提升学生的自尊、为明日职场培养更好的公民，这样的证据可以在许多不同的场所——从校园到美国的公司——开展的调研文件中找到。

美术也给学习者提供非学术类的益处，比如提升自尊和动力、美学认知、文化接触、创意性、情感表达的提升，还有社会和谐以及

> 美术也给学习者提供非学术类的益处，比如提升自尊和动力、美学认知、文化接触、创意性、情感表达的提升，还有社会和谐以及对多样性的欣赏。

105

6 小学的艺术室也要有
艺术范并且像个工作室。
它们看起来、感受起来必
须与典型的教室不一样。
艺术之间也可以混搭，比
如可以从这个艺术室同时
看到钢琴和吉他。

图为孟买的美国学校艺
术室。

对多样性的欣赏。"[①]

在学校设计的竞技场里，美术为学校设计师提供了设计各个空间的绝佳机遇，从而让所有年龄的学生有充足的机会积极参加从绘画、雕塑到手工艺术等各种活动。如果这些空间的设计没有妥当的装修、良好的日照光以及令人愉悦且美观的布置来推展艺术，那么这些空间将失去意义。

厨艺和烘焙

厨艺和烘焙本身就是创意性活动。当然，不是在学校学会做饭或烘焙最后就成为职业主厨，但这些重要的技能将对学生的一生都有帮助。当孩子们没能吃到一顿烹饪出来的健康饭菜，他们便会进食含过多脂肪和糖分的深加工食品。这就是为何学习烹饪或烘焙不仅关乎如何做饭，而且可以培养学生

---

① 《美术教育的重要性》，KATY独立学区。鲍勃·布莱恩特编写。

对健康和营养的意识，甚至使学生学会过健康的生活。

Extension.org提供了一系列吸引人的理由，说明在学校学烹饪和在家与孩子一起烹饪的重要性[①]：

> 当孩子们没能吃到一顿烹饪出来的健康饭菜，他们便会进食含过多脂肪和糖分的深加工食品。

1. 孩子们可以尝试新的和健康的食物。发表在《营养和饮食学院》期刊的最新研究指出，孩子们参加诸如处理食物这样的体验之后对食物的恐惧减少，并且更能够接受各种食物。

2. 厨房是孩子们的学习实验室，其中包括训练他们所有的感官。当孩子们揉面团、翻炒、倒水、闻香、切菜以及触摸食物时，他们感到有趣并在不知不觉中学习。

3. 在家做饭的孩子认为自己有"成就感"、感到自信以及对家庭有所贡献。

4. 孩子们花时间做饭，而不是看电子产品。

5. 如果孩子们多为自己准备食物，他们将不会吃不太健康的食物或加工过的零食。

6. 最新研究表明，如果没有与准备食物有关的体验式学习或亲自动手的活动，包括处理食物和厨具，那么营养知识可能不完整。

7. 孩子们通过训练基本的数学技能，比如数数、称重量、测量以及监测时间来学习生活技能；而在厨房一起干活和沟通，他们也将获得社交技能。

8. 教孩子们烹饪的同时也进行了营养教育，诸如策划餐饮和更明智地选择食物。

9. 烹饪可以帮助孩子接受责任。无论是对于食物的准备或清理，每位孩子都得完成一项任务。

---

① 《在学校和孩子们一起做饭——这项活动为何重要？》, 2017.2. Extension.org.

7 厨艺和烘焙本身就是创意性活动。当然，不是在学校学会做饭或烘焙最后都成为职业主厨，但这些重要的技能将对学生的一生都有帮助。多数学校倾向于建立家庭厨房式的厨艺实验室，然而让学生在学校专业厨房担任主厨的实习生、为大家的午餐和社区活动直接准备餐饮，这么做效果更好。

瓦伦西亚学院摄影。

10. 在学校学烹饪可以留下积极的回忆，实现未来健康的、令人享受的烹饪。

11. 一些研究表明孩子们参加烹饪课程之后，会吃更多的水果和蔬菜。

12. 许多研究表明孩子们在烹饪知识、食品安全行为以及烹饪的效率上都有所提升。

13. 其他研究表明，比起在营养教育科学课堂上缺失关于食物准备这项教学，在科学课上通过准备食物教授营养教育，这样教学效果更好。

美国和世界其他各地多数学校有全功能厨房为学生准备食物。我们建议每次翻新时，努力将厨房改造成"教学厨房"，这样学生可以在商业厨房真实的场景中学习如何做饭，效果比在配有一系列家用厨具的"烹饪实验室"和"家政实验室"更好。在第十章我们展示了学生经营的自助餐厅和厨房的设计，称之为"年轻主厨工作室"。不管全部由学生准备，还是在大人的帮助下准备，食物都可以给大家品尝，这样"烹饪课"感觉就不是另外一种理论练习了。

> 计算机可以协助拓展每项艺术行为（比如从摄影、绘画到雕塑以及手工）的创意潜能。

技术先行的多媒体

　　生活中几乎所有领域都受科技影响，在学校也是如此。科技展现机会，同时也是挑战。机会是指科技通过网络，把学生和更广泛的专业知识、信息及学习资源联结起来，如果学生单纯在学校上课不能获取这么多资源。在艺术世界，科技带来的挑战在于它能够在传统方式之外延伸艺术表达的方式。比如，现在可以在小型平板上制作和演奏音乐，看起来一点都不像在传统乐器（比如钢琴或小提琴）上学习演奏或作曲。计算机可以协助拓展每项艺术行为（比如从摄影、绘画到雕塑以及手工）的创意潜能。当然，艺术的传统形式还能像过去——计算机出现之前——那样在学校存在。撰写本书时，在生活中和学校里仍然有许多"更纯粹"的艺术与新媒体并存。

　　我们先前已经讨论较为传统的艺术形式，因此这里让我们看看科技如何辅助媒体改变校园的创意方程式。比如，我们知道"数码科技让孩子们更易于创造艺术，之后得以发表并与人分享。"[1]

　　"在匹茨堡，艺术家和教育工作者，还有电影制作人，他们使用数码科技重新想象艺术教育，从而加强了艺术教育的参与性。"

　　"我们通过电影吸引青少年进行批判性思考，让他们探索可触知的科学和艺术形式。"匹茨堡电影制作导师玛丽·马萨希娜说。课堂上用了许多数码工具，并强调科技和艺术之间的关系。"学习电影制作帮助他们多加理解当前的数码世界。"马萨希娜在最近一篇关于该项目的博文中说道。[2]

---

① 《科技如何让艺术教育走出教室》，Remake Learning.
https://remakelearning.org/blog/2013/08/21/how-technology-is-moving-arts-education-beyond-the-classroom/

② 同上。

8 计算机可以协助拓展每项艺术行为的创意潜能，从摄影、绘画到雕塑以及手工等等。每种类型的传统艺术有自己的数码配对。有些学生喜欢探索科技与艺术之间令人着迷的联结，学校应该让他们使用数码艺术工作室。课程本身可以是开放的，因此可以创意性地探索这些新媒体宽广而不受限制的潜能。

　　莫莉·A. 马歇尔在西部密歇根大学撰写的硕士论文，题目为《艺术教育中不断出现的科技》；她在论文中写道："关于艺术家合作有许多成功的例子。其中一个例子是艺术家可以通过一个名为'速写项目'（www.sketchbookproject.com）的网站进行合作。打开这个网站，一位艺术家能够找到其他艺术家合作创造艺术。"[①] 马歇尔接着引用S. E. K. 史密斯的观点，关于科技如何在艺术中培养一种新合作，史密斯的观察很有趣："在当代艺术中越来越流行合作这样的实践。这样的作品优先考虑过程，而不是成品和熟练应用科技；优先考虑社交和社区，而不是艺术的自主性。与此同时，当代艺术和行动主义的范围

---

① 《艺术教育中不断出现的科技》，作者莫莉·A. 马歇尔，硕士论文，西部密歇根大学。

有越来越多的交叉之处。"[①]

从空间设计的视角来看，由于学校使用诸多技术协助的多媒体，这要求建筑师与学生、艺术家和科技专家更密切联系，从而在传统和当代的学习空间创造支持新科技的环境。具体而言，从选择让学生舒适地使用笔记本电脑的家具，到创建诸如黑匣子剧场和录音工作室这样更专业的场所，新一代的学校设计师需要把学校当成适当的科技与学习环境无缝融合的场所来思考。

创作

很少有创意性的活动能像写作一样经得起时间的考验。至少对于可预见的未来，撰写原创作品的作家还能避开人工智能浪潮，这一浪潮威胁要吞没许多先前"安全的"职业和追求。学校鼓励学生创作，但开展的方式却是将这样的活动强加在学生身上，剥夺了创作的自然性与创造性。多数学生在教室里完成创作作业，这样的环境也不利于创造力。图书馆更适合创作，但学校的日程安排非常紧凑，这意味着学生在图书馆待的时间有限，而且完成作业的最后期限比较紧张——这同样扼杀了创造力。

人文素养教授盖尔·汤普金斯提供以下清单，解释在学校开展创意性写作重要性的七个原因[②]：

1. 娱乐

2. 培养艺术表达

3. 探索写作的功能和价值

4. 激发想象

5. 分析思考

6. 寻找身份认同

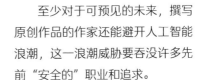

至少对于可预见的未来，撰写原创作品的作家还能避开人工智能浪潮，这一浪潮威胁要吞没许多先前"安全的"职业和追求。

---

① 《艺术教育中不断出现的科技》，莫莉·A.马歇尔论文引言。作者S. E. K. 史密斯（2012.11.1）。《在彼此的空间里工作：理解当代艺术实践中的合作》，《文化理论评论》，第三册。
http://www.reviewsinculture.com/?r=97

② 盖尔·汤普金斯，《孩子们应当创作故事的七个理由》。Language Arts. 1982。

9 很少有创意性的活动能像写作一样经得起时间的考验。如同其他任何创意性活动，学生若是愿意展示，写作将帮他们提升自我。沐浴在令人愉悦的阳光里，坐在高度合适的舒适席座上，不管在电脑还是纸张上书写，如此安静的空间为写作提供了理想的状态。

10 课程的创意性需要与有活力、创意性的学习环境设计匹配。在布鲁塞尔国际学校高中的入口处可以进行面向全校的展示或小型表演。当这样的空间不用于大型集会时，大的台阶可以变成社交聚集区或召开小组会议和开展个体学习的地方。

7. 学会读写

悉尼故事工厂的副总裁、教师教育与艺术专业教授罗宾·尤因爱姆，他也谈到创意性思考和写作技能对学生社交和情感的幸福、学术成就以及毕生的学习皆有好处。[①]

因此，既然关于创意写作的益处有如此强大的案例，我们的论点是学校没有付出相应的努力来鼓励创意写作；即使学校诚挚地付出这样的努力，孩子们投入写作的环境并没有形成对于创意活动至关重要的冷静的流动状态。当然我们也知道不是所有人在同样的空间都有创造力。有些学生想要一个安静的角落，其他学生更喜欢随意活跃的空间（想想星巴克）来寻找他们的创意灵感。这就是为何我们提倡建立各种正式与非正式的场所，让学生自然地身处这些场所，不管他们是用钢笔和纸张，还是使用诸如电脑、平板，甚至

[①] 《创意写作提升孩子的信心与创造力》，2015.10，悉尼大学。
https://sydney.edu.au/news-opinion/news/2015/10/20/creative-writing-boosts-kids-confidence-and-creativity.html

手机这样的设备进行书写。

制作和STEAM

没有什么比通过制作和构建事物更能表达一个人的创意。遗憾的是，学校多数亲手实践的活动被它们的科目领域限定，只有科学和艺术这样的科目才有较多的时间开展活动。除了这些科目之外，学生亲手实践的活动通常是参加放学后的项目或在俱乐部完成。当然，也有工业艺术和设计科技的课程，但这些课程大部分是给年纪较大的学生开设。只有最近，为了回应校外的DIY运动，校内的"制作者运动"逐渐发展，各个年龄的学生都有机会使用各种各样的现代工具，诸如3D打印机、CNC路由器和激光切割机，来设计和构建他们自己的创造物。现有学校把STEM和STEAM课程作为选修课项目，或修建新学校时围绕这一主题从零开始设计，因此这一趋势也随之流行起来。

"西尔维娅·马丁内斯和格瑞·斯达格在《为了学习的发明》这本书中——有人称这本书为'教育界制造者的圣经'——写道：制造者的教室是活跃的教室。在活跃的教室里，大家常常可以看到学生很投入地做多种项目，而老师摒弃他们的权威性角色。激活你们的教室最好的办法是在教室里制作些什么。"[1]

据格瑞·斯达格所说，"迈向'制作'的转变代表了新的科技材料、拓展的机会、通过第一手体验的学习，以及人类创造冲动的一个完美风暴。它让教室更能以孩子为中心：对每位孩子对于紧张感的承受力更敏感，也与之相关联。我们都得把握自己的人生、解决自己的问题；制作便是建立在对这种渴望的基础上。制作让我们意识到知识是经验的

> "迈向'制作'的转变代表了新的科技材料、拓展的机会、通过第一手体验的学习，以及人类创造冲动的一个完美风暴。"

---

[1] 《制作者运动如何进入教室》，作者维基·戴维斯，教托邦，2014。
https://www.edutopia.org/blog/maker-movement-moving-into-classrooms-vicki-davis

11 西尔维娅·马丁内斯和格瑞·斯达格在《为了学习的发明》这本书中——有人称这本书为"教育界制造者的圣经"——写道：制造者的教室是活跃的教室。在活跃的教室里，大家常常可以看到学生很投入地做多种项目，而老师摒弃他们的权威性角色。激活你们的教室最好的办法是在教室里制作些什么。

图为密歇根州底特律希尔学校的制作者实验室。

结果，而制作让大家更易于接触一系列体验和专业知识，如此每位孩子都能够参与解决真实的问题。"①

> 没有什么比通过制作和构建事物更能表达一个人的创意。

　　制作者运动产生的兴奋，现在才缓慢蔓延到学校设计的竞技场。即使教室被设计成授课空间，多数学校仍在谈论如何在"教室"里开展制作活动；教室可能是整个校园开展制作活动最糟糕的地方，主要原因在于它局限的空间。我们认为制作应该是孩子们在学校所做事情固有的一部分，"制作者实验室"应该像"计算机实验室"，学校的每部分都应该以这样或那样的方式，支持"制作"活动——把想法转变成产品。这将把理论转变成实践，通过多种方式让学习（甚至是学校教育）再次变得有趣。

---

① 《制作者运动是什么和我为何要关注》，作者格瑞·斯达格。Scholastic.
http://www.scholastic.com/browse/article.jsp? id=3758336

7

如何转变学校设计理念
CHAPTER

转变不易，在教育界尤其如此；在过去的几十年，教育界见证了几十次改革潮流来来去去。让问题变得更复杂的是在教育领域，对真正成功的"衡量"难以捉摸。如果做得好，学校将帮助学生成长为平衡发展、开心且富有创造力的公民，每位学生都能实现自己的潜能。这是一个长期的目标；学校应该采取所有"正确"的行动来确保这些成果不是短期的积极成果，比如达到学校设置的衡量要求——考取分数以及完成作业。作家迈克尔·爱德华问："教育应该通过考试分数评估，还是通过让我们过上美好生活的技能来评估？"[①]

在学校设施革新的竞技场里，遗憾的是没太多可谈论的。既然学校最根本的基础——教室——不可侵犯、不可协商，建筑师被迫在边缘做出革新或者在某些有一定自由的领域做出创意。这就是为何大部分学校的设计奖项、在学校发布的照片通常是图书馆、入口中庭或外部的改观，包括一些公共区域或小组讨论区。然而，教室本身，虽然仍是学生大部分时间待

> 如果做得好，学校将帮助学生成长为平衡发展、开心且富有创造力的公民，每位学生都能实现自己的潜能。

---

① 《重视我们能够衡量的或衡量我们重视的》，作者迈克尔·爱德华。2012.2.6. PHILANTOPIC 慈善新闻摘要。http://pndblog.typepad.com/pndblog/2012/02/valuing-what-we-can-measure-or-measuring-what-we-value.html

的主要地方，除了展示一些新桌椅，很少有什么特色可言。

　　大家对改造熟悉的教室模型缺少热情是有原因的。这可以追溯到第一次而且是唯一一次真实的大规模尝试，即不把教室放在首位，重新定义学校教育的模型。这一尝试的结果是众所周知的失败的"开放型教室"学校。

　　尽管本书和其他著作讨论教室都抱有同样善意的疑虑，但"开放型教室"运动本身确实存在的一些致命缺点导致它的消亡。首先，有个论点是"有人忘了告诉老师"。尽管新的设计把100多名学生分成小组安置在大型、开放的区域，老师们却使用诸如文件柜、书桌、临时隔断等家具，把这些空间改造成临时"教室"，并继续开展以老师为中心的教学，而设计这些大型空间并非用于此用途。其次，20世纪60年代末和70年代初的美国抵制"实验性"文化，而这样的学校设计似乎体现了这种"实验性"。"开放型教室"运动消亡的第三个原因较少有人理解，即从设计的角度来看，开放型教室的设计真的很差劲。确实，声响效果很差，家具单一，缺少适合不同学习模式的各式空间，在这样大型开放的区域"管理"100多名学生是一场噩梦。从这个意义上来说，

1 如果做得好，学校将帮助学生成长为平衡发展、开心且富有创造力的公民，每位学生都能实现自己的潜能。这需要学生远离教室体现的一刀切教育模式，进入诸如布鲁塞尔国际学校临时高中这样的空间。

2 学生没有被教室的四堵墙围着，老师也没有无时不刻地"管理"他们，这并不意味着他们的学习就停止了。让学生在各种空间学习，他们自然被吸引到对他们最佳的空间。这样的空间设计与开放型教室大不相同；后者缺少空间的多样性，而且更重要的是，与以老师为中心的教学法没什么区别。

图为盖恩斯维尔佛罗里达大学PK·扬发展研究学校。

这场运动最终消亡于运动本身所抵制的，即非常大的教室里面有太多的学生。

"在开放型的教室里，没有安静区和休憩区，没有给小组和专注学习使用的封闭空间，也没有不同的活动区需要的精选家具和适宜的声响效果，如此开放型教室的设计肯定是要失败的。回顾开放型教室的实体设计，显然上述的设计元素没有妥当安排，因此开放型学校只是一个潮流就不足为奇了。

尽管早在35年前就停止修建开放型教室的学校，但它们对于当今学校设计的一些决定还存在不均衡的影响。它们的影响几乎像一个谜，即只要改变传统教室的教育模式都意味着回归开放型教室这场失败的运动。"

3 工厂模型的学校从来就不是好的解决方案。孩子们不是器具，不应该像生产标准产品那样去教育他们。一个更加个性化的途径是对实体学校的设计不同于基于教室模型的学校。这就是妥当设计学校环境的关键所在，因为这样能够确保每位学生对于自己学什么、如何学、在哪学有选择权及自主权。

　　关于如何体现"好的"教育有两个流派，了解这一点很重要。一个是保守派，认为学校没什么问题，已经为社会高尚地服务了一百多年，不需要重大改变。对

　　尽管本书和其他著作讨论教室都抱有同样善意的疑虑，但"开放型教室"运动本身确实存在的一些致命缺点导致它的消亡。

于这派人而言，尝试对基于教室的教育做任何改变都会让他们感到惊骇，并且认为这样的举动是误导。对他们而言，开放型教室运动便是一时潮流，而

> 孩子们不是器具，不应该像
> 生产标准产品那样去教育他们。

且事实也证明他们是正确的。[①]

另外一派的想法，即我们这一边的，认为工厂模型的学校从来就不是一个好的解决方案。孩子们不是器具，不应该像生产标准产品那样去教育他们。标准化有一种去人性化的元素，而现实中存在这样一个挑战，即创造一个体系，让所有学生掌握今后在日益复杂的世界远航必需的技能，并确实帮助他们完全实现自己的潜能。

教育需要更加个性化，即侧重培养学生在今后工作及未来所需的相关技能，这一进步观念在过去的二十几年越来越被认可。当今，小型商业、大型公司，甚至若干高等教育机构已经开始要求毕业生具备与过去几年不同的技能。

个别学校甚至学区被这一新的现实唤醒，正在寻求彻底改造自己的方式。与先前改革举措的一些潮流不同，现在正在开展的改变是从结构层面着手而且不是一时兴起。最新的改革运动迈向一个更人性化、公正、以学生为中心的教育模型，那些决定成为这个运动先驱者的人将逐渐转变对整个教育机制的思路。可能还要好几年才会有大规模的改革，但现在一些重要的改变已在进展之中。

接下来，我们将讨论学校和学区准备好开展"大胆举措"（引用海蒂·海耶斯·雅各布斯的话）时采取的步骤，从而让学校再次变得有意义。

资金的投入作为改变的催化剂

改变，尤其是体系的改变，不会自发产生。它们需要一个契机或催化剂。在这本书中，我们关注的是如何把学校的修建花销作为改变的催化剂。这并非意味着学校没有修建资金就不能改变，但我们一直讨论的这种整体性改变，

[①]　引自《重新设计一所好学校》，普拉卡什·奈尔著，中国青年出版社出版，2019。

4 加拿大温哥华诺尔玛·罗丝重点学校是政府资助的学校。这所学校从构建伊始就不同于教室模型的学校，是学习社区型学校的一个例子。尽管这要求老师在教学实践上做重大改变，尤其在同事合作这方面，学校这种以学生为中心的教育模型却很成功。虽然很大程度上归功于学校领导和老师，但学校的实体设计使得诺尔玛·罗丝重点学校成为当今优秀的典范。

需要"硬件"（学习环境）和教育"软件"方面的同步开展。

不管某个机构在自己的前进旅程中处于哪个位置，所有这些开启转变的机构都必须提出并回答以下两个问题：

1. 为何是我们，为何是现在？

2. 我们该怎么做？

不同学校、机构之间，这两个问题确切的答案将有所不同，但这里我们对这两个问题有一些总体的回应。如果你仔细考虑如何改变学校机构，尤其想借助学校修建资金作为改变的催化剂，那么以下信息可能与你相关——需要的话可以根据具体的情况调整。

当今，小型商业、大型公司，甚至若干高等教育机构已经开始要求毕业生具备与过去几年不同的技能。

为何是我们，为何是现在

　　各所学校都在寻找机会使用它们的建设项目资金对它们的教育模型做更广泛的改变。当不同的学校需要在学校设施上投资时，它们会从不同角度回答上述的问题——"为何是我们，为何是现在？"大家会注意到每所学校都把建设资金作为一个意义重大的里程碑，因为资金不多而且需要在长时间内使用，这便激励学校负责人像未来主义者那样思考。

　　1. 本地或国际私立学校。我们是一所成功的私立学校，已经多年享有优越的声望。我们的强项是我们教授的经典教育，但这也可能是我们的弱点，因为我们提供的产品可能与时代的发展越来越脱节。对那些想让孩子们接受当代最好教育的父母而言，声望本身是不够的。现在我们仍然处于行业领袖的位置，但我们需要思考如何转变了。这是领袖应当做的，不是坐享桂冠，而是拥抱未来并一直开拓进取。另一方面，如果现在不行动，我们将会被迫改变才能与竞争者同步，不然我们的办学就会落后，越来越无法吸引我们面

5 杜塞尔多夫国际学校七年级德语班充分利用高中创新实验室（一个刚翻新的空间）的灵活空间快速做了回顾讨论之后，在此开展喜剧表演。杜塞尔多夫国际学校是一所声望颇高的私立国际学校，但学校仍然意识到有必要更新设施，从而与它们新颖的教育实践同步。

以撒·威廉斯摄影。

向的高度选择性的群体。

2. 服务不完善的社区市内学校。我们是一所市内学校，在学业上努力与地理位置较好的学校保持一致；这些学校拥有的生源来自社会经济状况较好的群体，而且老师

> 我们的强项是我们教授的经典教育，但这也可能是我们的弱点，因为我们提供的产品可能与时代的发展越来越脱节。

的资质也更好。以往的教学方式不再适合我们的学生。他们没有能力、兴趣和耐心连续坐几个小时吸收对他们而言似乎无用的知识；这些知识与他们困窘的日常生活无关。为了我们的孩子，学校需要转变，而不是提供一系列没有意义的"课堂"。学生需要看到他们的学习能够改善他们的人生，他们也需要兴奋起来，积极参与学校正在开展的活动。学生需要满足他们学业、社交、心智、身体、情感和精神需求的学校。我们尽力尝试，但却困在体系之中，这个体系无视孩子们特殊的、个人的需求，因此我们亟需从这个体系中解放出来，做一些大胆且不一样的事情。

6 个人境况困难的学生需要从他们的学习内容中看到能够改善他们人生的关联。高中通过对音乐商业和其他创意性努力的探索和运营，从而灌制艺术作品，让学生有机会获得高中文凭。

建筑师：菲尔丁·奈尔国际。兰德尔·菲尔丁和HSRA创立者大卫·埃利斯密切合作，通过创建一个独特的"活动、游戏、学习与创造"的环境来实现他们的远见，从而造就一个个性化、以学生为中心、亲手实践的学习体验。

3. 有声望的公立学校。我们是一所公立学校，根据所有的衡量，我们的学生表现得很好。我们的设施不新，但维持得不错。我们期待在接下来的几年招生数量有所增加。我们正策划一个项目——投入大笔资金为我

> 我们的教育模式太过关注学业，这一点让我们的学生失望，我们没能充分培养他们的软技能。

们的教学楼和操场升级。学区有不错的设施部门，他们的教学楼标准也不断更新。学区准备帮我们聘请一位在公立学校设计方面有丰富经验的当地建筑师。然而，对于未来教育我们研究的一切证实了我们这些年所了解的。我们的教育模式太过关注学业，这一点让我们的学生失望，我们没能充分培养他们的软技能，即世界经济论坛认同的诸如解决复杂问题的能力、批判性思维、创造力和其他技能；学生需要这些技能在大学和人生中成功。因此，我们想把专项资金用来发展一个反映今日和未来教育新视角的创新型校园。这样，我们希望把学区所有教学楼的"标准"搁在一边，把资金用于聘请合适的知名教育和设计专家，当我们在这一条新道路上行进时引导我们思考。显然，我们现在需要这么做，因为建设资金正好到位，万一资金用到别处，我们就没有这个黄金机遇来彻底改造自己了。

4. 评价颇高的公立学校学区。我们是成功的公立学校学区，招生不断增加，而我们的一些教学楼需要升级，有些教学楼需要重建。我们也需要在一个新社区建立一所新小学。我们相信社区会通过债券投票来资助我们学区的资金需求。我们将此视为一个黄金机遇来为我们的学生服务，即通过引导我们的资金设计新的、有创意的设施，反映新的教育模式，这个模式比我们现有的教学楼更能满足未来的需求。我们对教育研究的一切告诉我们，为了我们的学生，我们需要做得更好。

> 我们希望驱动我们学校的不是先前的学校观念，而是来自教育界的调研。

7 根据所有的衡量，布鲁姆菲尔德·希尔斯可以被认为是密歇根最富有的社区。然而，它们的老式高中却很快陷入绝境；学区决定建立新型的、合并起来的布鲁姆菲尔德·希尔斯高中。新的高中摒弃教室模式，让学生在学习社区里学习。这张图片展示了学生在学习社区里小组讨论的房间自主学习。

詹姆斯·海夫纳摄影。

我们认为我们的教学楼见证了最好的教育。当前，我们作为学区的愿望，即为我们的学生提供最好的、个性化的学习体验，与我们实际给予他们的有点断链。债券投票资助的建设项目是一个理想的机遇，让我们的学区得以步入未来。

5. 新的私立学校。我们在教育界算是新学校。我们想创立一所学校，如

> 我们想让新变化一方面反映我们的传承以及我们的精神面貌，但另一方面也提供最佳的当代教育。

果这所学校成功了，今后可能还要创建更多所学校；这些学校从一开始通过对教育和建筑的设计来满足今日和未来的需求。我们希望驱动我们学校的不是先前的学校观念，而是来自教育界、神经学和环境设计的调研。我们想创造一个学习环境，在文化上妥当，在学术上相关以及基于亲手实践、体验式的学习。随着工厂模式学校的增多，要获得真正的、有意义、相关的教育，孩子们在这一方面的选择很少。我们希望我们的学校将提供这样的教育，并且在开展过程中能够激励他人思考为明天而非过去发展或重新设计他们的学校。

6. 声誉好的教区学校：我们是一所教区学校，教育质量高，声誉上佳。我们的学校坐落在一栋旧的历史建筑里，我们想小心地对校园做出改变，这样既能保持我们的标志，又能更新我们所给予学生的。我们想要的不是激进或革命性的改变，但我们确实意识到随着我们设施的改变，我们有个大好机

8 博尔德谷学校（见第九章详细的案例分析）拨出很大一部分债券资金修建新学校，比如图片展示的溪边小学，学校的空间被改造得与美国国内多数公立学校不同。这些新学校依循学区的创新指导原则，为学生的高成就优化配置。

会重新思考我们的教育模式，这样我们的学生将在大学和人生中继续拥有最好的成功机遇。我们想让新变化一方面反映我们的传承以及我们的精神面貌，但另一方面也提供最佳的当代教育。

有趣的是，对于第二个问题"我们该怎么做？"，所有的答案几乎都一致（除了前述的第五组——一所崭新的学校，一切都从零开始）。因此，在回答第二个问题时，所有这些不同的教育群体都能找到共同点。

我们该怎么做

第一步——过程形成体系，让正确的人处于正确的位置

吉姆·柯林斯在他的书《从优秀到卓越》里说，提及成功的学校转变，某些东西能够一再自我证明。用他的话说："公司从优秀到卓越，在每一次戏剧性、引人注目的转变中，我们发现了同样的东西：没有奇迹的时刻。相反，一个务实、高效、承诺达到最好的过程，让每家公司、公司领导以及员工能

9 世界上很少有学校像印度新德里VEGA学校这样在意个性化及以学生为中心的学习。见第十章的案例分析。这里的形式与功能真正融合。学习空间为VEGA践行的教育民主化模式提供各种机会。

10 底特律的希尔学校在提供高质量教育方面声誉一直很好。然而，他们被困在一栋教学楼里，教室是教学楼主要的学术元素。在过去的几年，希尔学校完全转变，不仅在设施方面，而且在转变过程中将教学法和课程设置都升级了。今天，希尔学校优秀的声望反映在新颖的学习空间设计，这些空间支持重要的生活和学术技能的发展。

够持久地处于正确的轨道上。"[1]

大家可以在前述寻求改变的各所学校的"故事"里找到柯林斯说的要点。希望，而不是恐惧，应该成为改变的驱动力；转变有一个系统性过程，而并非革命性的巨变最可能产生你所希望的结果。

柯林斯谈及的第二个重要原则可以很好地应用于学校转变的过程，尤其是那些想以花在设施上的资金用来催化改变的学校。这与"谁"和"哪里"有关。再次引用柯林斯的话："公司的领导从优秀变成卓越不是从'哪里'

---

[1] 《从优秀到卓越》，吉姆·柯林斯著。

11 项目领导团队为设施项目设定整体的方向，这一点很重要。这将提供日程和预算的框架，在这个框架里可以分析较大股东社区的投入并确定工作的最终规模。第一步（尤其是较大的项目，比如涉及重新思考整个校园的多种建筑）是研发一个设施总体规划。

图片展示了新加坡美国学校的设施总体规划领导团队与菲尔丁·奈尔国际会谈，由学校主管奇普·金布尔博士主持。

开始，而是从'谁'开始。他们一开始就用正确的人，不用错误的人，让正确的人在正确的位置上。而且不管情况如何糟糕，他们牢记那个原则——以人为首要，然后才是导向。"[1]

　　在学校这方面，我们建议，关于改变的性质和程度，在作出任何决定之前，让有丰富经验的股东代表聚在一起，作为顾问小组，指导资金项目以及督导项目的进程与效率。我们经常把这样的团队称为PLT，这是"项目领导团队"的英文简称。PLT的第一个任务是选出一家有声望、资质无可挑剔的

---

① 《从优秀到卓越》，吉姆·柯林斯著。

公司，这家公司在教育革新方面以及为教育机构设计新型建筑方案方面都在行。有这样的核心顾问团队在场，就可以准备好开展第二步。

> 学校影响着地产的价值，他们作为一个强大的标志性存在来定义所在社区的素质与个性，而且能够成为公民地位和骄傲的象征。

第二步——探索

探索的过程名副其实。在探索的过程中，PLT团队和入选的学校建筑师/转变代理商与所有关键的股东会面并采取各种策略，比如愿景演习、圆桌讨论、讲座、亲手实践的工作坊、勘探场地以及对机会与限制的审视。在这一过程中，学校董事会成员、学校领导、学生和家长代表、在校老师以及学校捐赠者及资助者、社区长者都要咨询。正是在这一阶段，学校领导将牢记理查德·埃尔莫尔教授定义的属于自己的"学习理论"。"在理想的世界里，学校及其体系将为社会的其他群体塑造学习的榜样。在真实的世界中，学校展示的是以往学习的模式，现在这个世界已经不复存在。"尽管这话切中实际，但学校很少会承认或意识到他们的践行正急速地南辕北辙。通过愿景演习，他们需要用埃尔莫尔教授的学习理论作为框架，诚实地看待自己的体系和实践，至少他们将从现在的实际情况开始，缩短与他们的期待之间的距离。

学校是社区的中心，不仅为招入的学生服务，学校也影响着地产的价值，他们作为一个强大的标志性存在来定义所在社区的素质与个性，而且能够成为公民地位和骄傲的象征。如此，学校的转变会比其他机构的转变吸引更多感兴趣的股东。

> 在理想的世界里，学校及其体系将为社会的其他群体塑造学习的榜样。

现场探索会议和工作坊结束之后，需要整理并分析收集到的大量数据。这将为教育和实体空间的设计开发若干指导原则，从而告知大家接下

12 在许多关键的学校股东当中，老师的地位很高。一旦向老师确保他们不会失去教室，而是获得整个社区的各种学习空间，他们将成为转变过程的同盟。

图为西班牙巴塞罗那蒙特塞拉特学院的老师，他们正在提议把传统设计的教学楼改造成现代的学习环境。

来的工作。在对博尔德谷校区的案例分析中将进一步细致讨论。

第三步——开发教育生态系统

在我们早期作为学校建筑师的实践中，我们意识到建筑的内部及其本身可能是体现转变的一个强大、可见的元素，但不足以带来教育自身真正的、有意义、可持续发展的转变。更深入研究何为有效、何为无效，我们会意识到学校是浑然一体的"体系"。甚至当渴盼的结果没有达成时，并不总是因为体系无效，而是因为体系按当初的设计运作——而这样的设计与我们想开展的转变存在矛盾。

想想学校运营的各种元素。它们包括：

1. 学校的愿景和使命

2. 课程

3. 日程安排

4. 学习空间

5. 教师准备就绪

6. 家长的期待

7. 政府的条例和标准

8. 评估

9. 科技

10. 服务——食物、运输、校服等

11. 社区资源

上述每个元素都有一系列子成分解释这些元素如何在任何一所学校运作。

这里提及的"教育生态体系"是最高层次的总体策略规划，从整体上审视上述体系的现有构成，然后添加新的、众望所归的规划来确定什么元素与现状一致、什么元素有所冲突。比如，新的愿景是否需要更有体验性的课程；每节课45分钟的时间安排有无可能随着其他元素改变；如何衡量学生项目的质量，如何向家长展示新的模式，如何确保老师们得到充分的培训；等等。

在旧的生态体系中添加的新元素将定义上述每个种类需要解决的冲突及"缺口"，从而使整个"体系"保持一致、不存在内部冲突。上面的例子列出11个种类，有些种类可能与其他种类冲突，各个学校可以制定自己版本的教育生态系统。倘若有了自己的教育生态系统，这个文件将成为督导和掌控转变的有效方式。

不像前三个步骤，以下步骤没有必要按顺序完成。事实上，由于步骤之间的相关性，实施其中一个步骤可能影响其他步骤的进展，所以同时进行以下步骤也是有价值的。

第四步——实施设计

谈及设计，我们在此描述的转变过程有一个有趣的转折。建筑设计，尤其是学校设计，正常的做法是遵循安全原则、做到"形式服从功能"。我们

教育生态综合体系样本

原则	成果	方法	体系	环境	评估
1. 在提问中学习	1. 思想的领导者及先进科技的使用者	1. 老师和学生共享领导权	1. 统一的教学目标	1. 可流动的学习社区	1. 形成性和总结性评估
2. 学习培养了好奇心和冒险的文化	2. 自我引导型的学习者及创业精神	2. 有规律、统一的单元备课	2. 灵活的教学安排	2. 各种空间支持差异性	2. 持续的、有数据依据
3. 以各种方式证明对学习的掌握	3. 全球环境的管理者	3. 教学的多样性	3. 日程安排的多样性	3. 可以开展合作、个体的和积极的学习空间	3. 学生构建
4. 学习是一个社交的过程	4. 高水平沟通者和讲故事的人	4. 融入主题的项目和课程	4. 根据学生需求划分的教学小组（通过支持或科目划分）	4. 与自然联结	4. 科技支持
5. 学生在他们当地或全球的学习社区解决真正的问题	5. 与周围的人文化融洽	5. 个性化学习，通过科技提升学习	5. 多种分数体系	5. 支持与当地和全球社区的联系	5. 老师和学生联结
6. 学习是个性化并以学习者为主导的					6. 学生自我评估即反思

13 如同这个教育生态综合体系样本的图表所示，学习环境只是"体系"中的一个关键构成。因此，不要把学校设计作为提升学习空间的一种方式，而是把它作为催化剂，重新想象整个体系，这样学校设计才能达到最好的效果。

建议把这一说法扔到一边，原因很简单，"形式"和"功能"是一起设计出来的，而且不断对彼此产生影响。

> 相比之前，设计更体现了建筑师和学校之间的合作过程。

因此，我们建议让设计的"形式遵循远见"。学校持有什么样的远见是唯一"不可协商"的，而且学校通过先前提及的"指导原则"表达这个远见。它同样可用于教育模式以及学校建筑的设计。

设计是一个内在的创造性过程，因此让教育工作者和学校实体设计师密切、和谐合作更可能产生创新的解决方案，这是传统的过程（把空间交给建筑师处理）无法做到的。

另外一点需要记住的是在建筑界使用的科技提供了一些先前无法想象的机遇，让学校积极地参与设计的进展：从总体规划到起初的理念，再到体系化的设计、设计的发展、建筑文件。现在新的3D模型科技逼真地让客户"看到"

14 现在新的3D模型科技逼真地让客户"看到"设计。在这个透视图中，窗户的规格形式体现了在自然界里能够找到的非线性比例，整体建筑形式也打破了地区的同一性，即学校常常以宾馆和办公楼的样式呈现。

菲尔丁·奈尔国际制作的重庆耀中国际学校新建中学透视图。

设计，而且能够给建筑承包商详细的文件。诸如采光、颜色、装修、地板、墙以及天花板等材料都可以通过虚拟的方式审视后做出最后决定。

> 我们建议让设计的"形式遵循远见"。

因此，相比之前，设计更体现了建筑师和学校之间的合作过程。这样的优势在于减少建筑过程中及竣工之后需要作出的变动。

第五步——实施教育创举

设计和远见相辅相成；随着建筑师探索创意性的解决方案，"设计学习"的构成也将变得丰满。这是在探索的过程中需要完成的工作，而且可以随时审视每所学校的学习理论。探索过程将从最高的层次提供指导。在构建教育生态体系过程中增强指导。这一步骤是为了缩小现状与实现学校教育愿景之间的差距。

这些工作包括：构建新课程、重新安排日程、选择包括科技和教育伙伴等合适资源，而且最重要的是通过教师职业发展的培训让老师准备就绪。"职业发展是学校和学区使用的策略，以确保教育工作者在他们的职业生涯中继续增强他们的教学实践。最有效的职业发展是让教师团队关注学生的需求。为了让所有学生获得成功，他们一起学习并解决问题。"[1] 在探索和创立教育生态体系期间"成功"这个词展现了出来。显然，认为成功等同于考取高分或被大学录取的学校会采取不同的职业发展策略；而从整体的角度看待成功，比如本书"活动、游戏、学习与创造"这些核心章节讨论过的技能，那么"成功"意味着每位学生离校时具备重要的生活技能。

---

[1] 《为何职业发展至关重要》，作者海耶斯·米泽尔。Learning Forward 2010. Learning Forward.org
https://learningforward.org/docs/default-source/pdf/why_pd_matters_web.pdf

15 高质量的学习空间只是一个开端。空间的有效性将取决于它如何启迪以下这些重要的工作：构建新课程、重新安排日程、选择包括科技和教育伙伴等合适资源，而且最重要的是设计教师职业发展来帮助老师从新的或翻新的空间中得到最多的收获。

图为学习设计师和新加坡美国学校的中学校长劳伦·梅尔巴赫，正为印度新德里美国大使馆学校的老师开展与设备连接的职业发展工作坊。

第六步——让支配、管理及运作与新的模型联盟

第五步教育创举的成功实施需要许多元素，只有当学校合理地变化与新的愿景达成一致才能产生这些元素。比如，在分散权力的领导模型中，老师有更多权力消除学校传统等级的各个权威。同理，涉及课程设置及重新安排日程时，老师们有更多的掌控和自主权。

以往一般给学校董事会一些权威，如果是公立学校，学区领导享有这些权威，现在也许可以重新分配或完全消除这些权威。校长会更积极地投入教学，因为在行政方面有他人协助。学校可以构建与当地社区及商家互助互惠的模式。换言之，任何学校运营的整体"体系"需要达成一致，这样大家都

往正确的方向行进。通过这一过程，新措施的实施将产生新的、经过改良的学校愿景，那么教育生态体系显示的非教育支持领域中的缺口将得以填补。

第七步——宣传解释

这个步骤关乎如何通过协调、沟通赢得更多股东支持学校决定要转变的新方向。这是至关重要的一步，而且如果做得妥当，有可能在把控每所学校命运的不同股东当中达成共识。

激动人心与畏缩不前是一枚硬币的两面。比起其他产业，在教育领域害怕改变的势力更强烈一些。因为一般需要长时间才能获得先前提及的犒赏，不是一付出改变的"代价"就像大家期待那样轻而易举地获得。大家认为无法接

16 孟买的美国学校小学部于2012年秋季开放。这张图片是菲尔丁·奈尔国际团队在2017年作为学校设计建筑师参观这所学校时拍摄的。2012年该学校还没有修建标志性的"学习型教学楼"，所以2017年的校园空间看起来与2012年的显著不同。

> 激动人心与畏缩不前是一枚硬币的两面。比起其他产业，在教育领域害怕改变的势力更强烈一些。

受失败的风险，确实也有道理，因为实际上是孩子们的人生在冒风险。

然而，如果仔细遵循上述深思熟虑、有方法策略、被检验过的过程，事实上没有风险会破坏整个转变的过程。

从探索过程开始，我们就推荐一个透明的沟通策略，即PLT（项目领导团队）的社区代表告知整个社区各种信息。如果学校认为有必要的话，可以开展多次工作坊和"篝火旁的聊天"来增强沟通；如果社区太大，无法通过非正式的方法沟通，学校也可以做一个线上审核论坛。这个想法是让每个人都"一起学习"，如同纽约一个很棒的广告所言，"受过教育的消费者是我们最好的顾客。"[①]

第八步——持续前行

如果我们告诉你，一旦完成以上七步你就稳操胜券了，那该多好。遗憾的是，情况并非如此！如同任何企业，尤其是当今快速发展的氛围影响着任何产业，教育转变也是一个不间断、有活力的过程。我们业已定义的是一个框架，在这个框架里，转变本身从未停止过。事实上，我们提倡教学楼本身也要保持"生机勃勃"（也许我们多数人理所当然地认为教学楼是"固定的"），因此我们创造"学习型教学楼"这个词来展示这个品质。以下是我们在之前相关话题的著作里谈及的："我们需要从静止的教学楼迁移至灵活的'学习楼'。本书的论点是一栋设计得好的教学楼将日新月异，每日每周每月以及每年看起来都有所不同。大家观察到的变化反映了待在学校里的人为了满足各

---

① 西姆斯公司（Syms Corp）于20世纪80年代在电视广告中的标语，这是一家销售折扣商品的衣着零售连锁店，由西·西姆斯于1959年创立。

17 这是一幅动土仪式的照片，整个社区，尤其是孩子们，都来参加。社区的参与与支持是创新型学校成功的一个关键；与父母、老师及学生之前了解的相比，这样的学校看起来和感受起来都不再一样。图为科罗拉多Erie市的博尔德谷校区草地鹨学校。

种学习活动的需求而不断地塑造他们的学习环境。"[1]

我们最近参观孟买美国学校的一所小学校园时发现"学习型教学楼"的功效非常明显。我们于2011年初设计了这所学校，自从那时起学校开始运营。让我们吃惊的是，我们2017年最近的一次参观中发现学校与刚开放时相比，看起来迥然不同。事实上，关于学校的一切几乎看起来都不再一样。然而校方告诉我们学校没花什么资金做改变，所有的变化都是通过重新布置许多可移动的隔离物和添加一些新家具来实现的。我们创立学校最初的"骨架"但

[1]　引自《重新设计一所好学校》，普拉卡什·奈尔著，中国青年出版社出版，2019。

允许学校随着时间的推移做出改变，这样确保学校在2011年看起来与时俱进，而建立几十年之后也不会被永远困在某个模型当中。

> 不管在下一个街角遇到什么样激动人心的新机遇，都保持开放的态度并做好准备。

我们在教学楼看到的这些灵活度，在孟买的美国学校其他各个方面都同样显而易见。对他们而言，变化不是令人害怕的事物，而仅仅是一种生活方式，而且他们热切地拥抱这一方式！我们向所有学校推荐这样的思维方式来开启转变的旅程。不管在下一个街角遇到什么样激动人心的新机遇，都保持开放的态度并做好准备——而且如果过去的二十年指明了未来的方向，那么肯定有许多这样的机遇。

未来教育的探路者，坚定迈出第一步
CHAPTER

"

有句俗语说"一口吃不成个胖子"。我们建议对真正、持久的教育转变感兴趣的人都要遵循这句格言。不管是一所200名学生的学校，还是招生人数4000名的学校；不管你在当代教育模型的影响下如何有策略地与所有股东达成共识，转变的实际过程仍是艰难且复杂的。转变过程中有许多地方需要变

1 查巴克贺瑞斯·格里历高中是一所9年级到12年级的公立学校，而且是美国排名最高的高中之一。学校意在保持它们卓越的纪录，比如它们做的第一个探路者项目——把三间传统教室改造成智能实验室。结果实验室非常成功，这个项目不仅在本校而且在整个学区引领了更多的创新型教学实践。

> 既然探路者项目规模较小，它们不需要学校所有教职员工的赞成。

动，而且到了最后，如果计划太过宏大，我们屡次见到的是革新计划被中止，而设计整个转变过程本来要实现的正是这些革新。为了解决这个问题，若干年以来，我们建议学校从小规模、显而易见的项目开始转变。理想的规模是一个或多个拥有100到150名学生加上4到6名老师的学习社区。

我们将这些小规模的实验项目称之为"探路者"，因为它们帮助每所学校发现自己特有的成功"道路"。以一个或多个探路者项目开始的转变过程有若干优点，其中包括：

探路者项目可以围绕我们标识的"容易摘到的果子"构建。学校将选择开展付出最少就能完成的项目。比如，选择翻新没什么技术和结构挑战的空间。

老师可以"自我选择"。既然探路者项目规模较小，它们不需要学校所有教职员工的赞成。学校可以不时在内部"广而告之"需要创新型老师参加探路

2 这个探路者空间是佛罗里达坦帕圣名学院的一个创新型实验室。过去这里是一个传统的计算机实验室。探路者项目的成功引领学校为高中部创立了一个相似的空间，并且通过一个主要的创新型项目在整所中学拓展这个教学模式。

者团队。优先考虑那些自告奋勇的老师。学校可以为老师冒更大的风险，让老师有足够勇气加快革新步伐；比如，给老师类似"创新者"这样的特殊名号，或者给他们稍微涨工资这样额外的经济激励[①]。

> 由于有一套可以付诸实践的设计指导原则，探路者项目脱颖而出，成功的机会最大。

最好让那些自告奋勇的老师参加探路者项目，这样成功的机会更大一些，也防止对身份地位更感兴趣的投机者参与。根据我们的经验，探路者项目非常戏剧性地改变了教育面貌，它们脱颖而出，作为光辉的榜样告知大家未来的样子。与学校的旧模型放在一起，探路者代表的新模型，其数量上和质量上的益处立马一目了然。这种推进改变的方式很自然，而且驱动力是激励而不是威胁。对比那些在全校开展所有变革项目的尝试，学校和学区利用探路者项目来开辟道路从而增大转变的规模，这样成功的机会更大。

由于有一套可以付诸实践的设计指导原则，探路者项目脱颖而出，成功的机会最大。比如，以下是一些指导原则，某个学术型学习社区的探路者项目可能会在空间设计、课程设置、日程安排、教学法以及师生分组的方式中加以应用。

1. 老师不该"拥有"房间，而是分享一个共用的工作空间。

2. 老师应该彼此合作来设计并传授一个跨学科课程。

3. 课堂设计应该减少老师讲课的部分，同时让学生最大程度享有自主权、进行团队合作、投入学习。

4. 学生完成任务时将接触多种学习模式，并且老师们引导学生使用最能满足他们需求的各种空间。

好的探路者项目成功地扩大规模，例子如下：

---

① 智能实验室就是这样的案例，即纽约查巴克贺瑞斯·格里历高中的创新型实验室。

3 注意两个毗邻幼儿园工作室之间的折叠门。这两个工作室过去是"教室"，由单个的老师分别掌管"自己的"学生。现在，打开折叠门（大部分时间都会这么做），SAS就创立了一个"学习套间"，学生和老师在两个工作室之间自由活动。这样的安排也可以分享资源并为学生创造更为多样的学习体验。

纽约查巴克贺瑞斯·格里历高中从iLab（创新型实验室）开始做探路者项目，后来在贺瑞斯·格里历整所学校以及该学区其他学校开展各种项目。

佛罗里达坦帕圣名学院在他们的图书馆创建了一个智能实验室，这个探路者项目成了转变整所中学的跳板。[①]

新加坡美国学校（SAS）的探路者项目是成功的。它们实践了"构建、生活、拥有"这样的哲学。我们撰写这本书时，两位该校教育工作者写了一篇引人入胜的文章，讲述他们新的"学习社区"模型是如何运作的。经过他们的许可在此转载该文章，内容跟该校的教师视角博客（Teacher Perspectives Blog）上刊登的一样。[②]

> 如果计划太过宏大，我们屡次见到的是革新计划被中止，而设计整个转变过程本来要实现的正是这些革新。

① 包括空间、日程安排、教学法和教师合作的转变。

② 《为何需要灵活的学习环境》，新加坡美国学校，视角博客，教师视角。作者劳伦·梅尔巴赫和克里斯·贝恩格斯恩尔，2018.6.5

为何需要灵活的学习环境

作者劳伦·梅尔巴赫、克里斯·贝恩格斯恩尔

去年，SAS中学和菲尔丁·奈尔国际这家教育建筑公司合作，一起革新我们六年级A面的团队空间，创建了一个更灵活的学习环境。这个夏天我们开始翻新六年级的B面和C面空间，为我们六年级全体师生提供一个更加灵活的学习环境。雅各布斯和阿尔科克在2017年写道："学校最根本的结构常常有碍进步，包括日程安排、实体空间、学习者分组模式、人事部的配置"。我们努力为学生提供一个更加个性化的学习体验，但发现实体空间限制了我们的能力。当然，社区多数成年人也认为当初在传统的教室环境孩子也学得不错，家长可能对我们为何要做出改变持有疑问。

> 我们努力为学生提供一个更加个性化的学习体验，但发现实体空间限制了我们的能力。

4 现在可以同时开展多种学习模式，由于两个房间涵盖的空间较大，老师不必把一个教室的"学习中心"复制到另一个教室。像图片中的这个孩子，她可以安静、独立地阅读，与以往的教室相比，受到的干扰较少。

灵活的学习环境如何与个性化的学习相关

"灵活的学习环境暗示学校调整资源的使用，诸如职员、空间与时间等，从而最好地支持个性化。"（G. 沃尔，2016，第20页）因此，在SAS实现个性化意味着什么？它指的是通过不同结构、教学策略和课程途径的结合，及时满足学生的需求，让学生了解自己学习的下一步是什么，并追求自己的强项和兴趣领域。灵活的学习环境、量身定制的途径以及基于能力的进步——我们使用这些词条来理解为孩子们创造的个性化体验需要的元素。

什么是灵活的学习环境

当人们想起灵活的学习环境，他们只想到实体空间。空间在本质上是灵活的，但灵活的学习环境不止于建筑平面图或挑选家具。灵活的现代学习环境也指学习环境的其他元素，比如在学习期间学生如何形成小组，以及在学校日里如何更灵活地使用时间。

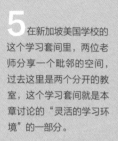

5 在新加坡美国学校的这个学习套间里，两位老师分享一个毗邻的空间，过去这里是两个分开的教室，这个学习套间就是本章讨论的"灵活的学习环境"的一部分。

6 这是灵活的学习环境的另一个部分，这里的布局不太像以往的"教室"。注意这个空间翻新时增加了对外的透明度。

灵活的实体空间

空间翻新之后，六年级学习社区呈现的灵活性是先前的布局所不具备的。为了达到某些教学效果，老师和学生仍然可以把翻新的空间改成类似传统教室这样的环境。不过，我们知道不是所有学习的开展都是22名学生待在房间里各就各位。

新学习社区的特征是更加灵活，为不同人数的学习小组创造空间。社区内都有一些小房间作为小组讨论区让学生进行小组合作。在更小一点的小组讨论空间开展的活动包括诸如读书伙伴、文学圈、数学探索、自主学习或小组合作的展示。老师也可以让一组学生进入小组讨论室，重新教授他们某个概念，或者给那些已经掌握课堂内容的学生再上一节拓展课。在学习社区也可以打开空间，让同一年级的所有学生组成团队开展大型的小组活动。还有一些例子是开放学习

新加坡美国学校的探路者项目是成功的。它们实践了"构建、生活、拥有"这样的哲学。

147

7 灵活的学习环境包括可以开展非正式学习、小组指导以及自主学习这样的活动的空间。

> 除了建筑平面图和挑选家具，灵活的学习环境还包含更多内容。

社区的空间让来访者对全体学生做展示，或者和社区分享学习庆典。六年级数学老师克里斯·芒登这样总结："在传统教室，你被教室的四堵墙限制。但这里有好几面墙可以关闭自如，这样我们让空间适用于我们的需求，而不是让空间支配我们做事。"

灵活的时间

除了实体空间，灵活的学习环境还包含更多内容。灵活性延展到时间的使用。我们中学所有的核心团队当前都有能力灵活安排日程，而且常常这么做。这是什么意思呢？每个年级都设有专用于我们核心项目的时间段：英语和语言艺术（ELA）、数学、科学、社会科学和体育。团队可以通过多种方式重新调整已经设定的时间段，从而让时间各有所用。比如，他们可以修改日程、缩短课堂时间，从而留出时间邀请嘉宾演讲或开展大本营活动。在六年级，他们常常通过缩短核心时间段来创造午饭后某个灵活的时间段。学生在老师的指导下明确他们的学习哪里需要帮助，或者报名参加这个时间段具体的工作坊来增强这些技能。有时在这

这样我们让空间适用于我们的需求，而不是让空间支配我们做事。

个时间段让学生复习先前教过的某个概念，其他时候为那些已经掌握课堂内容的学生开展某个拓展活动。这些时间段常被用来明确学科之间的关联。学生可以利用这一时间总结多个科目的学习单元。这些灵活的时间段有助于学生让自己的学习个性化，包括个性化学习方法、建立学科关联以及在学习方面发声和选择。

灵活的学生分组

在学年伊始，传统的做法是让学生按具体时间和具体课堂分组，这样的分组保持一学年。比如，某位学生在英语和语言艺术这门课上的同学一学年

8 作为灵活的学习环境的一部分，老师们可以在他们自己的空间工作和备课。注意，这是一个"开放式的办公室"，里面有一个类似于苹果公司天才吧的"帮助台"。学生如果需要帮助的话，可以找老师。从图中可以看到这个空间的旁边有几个给小组使用的房间，学生可以在里面开展团队合作却不会干扰学习社区的其他人。

9 这是新加坡美国学校的探路者项目之一，制造者空间与毗邻的学习区域更好地融合。

都保持不变。然而，这样的安排假定学生是一样的，需要在同样的时间得到同样的学习机会。我们知道每位学生都是独特的，因此这样的模式有局限性。我们的老师密切合作，根据学

> 当老师合作更加密切，他们将看到各自负责的具体课程在技能和内容上的关联。

生的需求规划教学。不管数学课安排在哪个时间上课，如果某组学生对于某个数学概念需要额外的辅导，老师可以在灵活的时间段给他们做这样的辅导。老师定期检查学生的形成性作业来确认他们下一步需要学习的内容。然后根据这样的数据对学生分组或重新分组。研究也肯定了这一点："经常利用数据来判断学生的需求，进而调整学生的分组策略，这是个性化的一个关键，而且这也让老师能够回应学生的需求，并允许学生通过不同途径把握内容。"（潘恩，斯坦纳，贝尔德，&汉密尔顿，2015，第22页）不管你的孩子是否在某个翻新的空间学习，整所中学的教师团队都在探索如何为学生灵活分组。

灵活的学习环境可以提升学习吗

当老师合作更加密切，他们将看到各自负责的具体课程在技能和内容上的关联。我们的调查数据表明在六年级A面空间学习的学生感觉到他们的老师知道其他班级的情况，而且灵活的学习环境更能让学生关联各个科目。

跨学科的教学规划和讨论让老师为教授跨越学科领域的技能发展了共同的语言。比如，几乎所有学科都会涉及撰写论点、论据以及推理，尽管格式有所不同。在灵活的学习环境中，老师更易于让学生的语言标准化，学生可以明确地关联学科之间的内容和技能。尽管这一点可能在某个标准化测试的结果中没有明显地展示出来，但学生构建了认知世界相互关联的能力。事实上，把科目分开的源头可以追溯到1892年，那时纽约国家教育协会"让公立学校走上各个学科分而教之的道路"（雅克布斯和阿尔科克，2017，第65页）。既然我们已经远离学科分开教学的世界，那么创造机会让学生不要分而学之，这么做是有意义的。此外，利用灵活的时间和分组可以进一步发展学生的强项，并让他们在有挑战性的领域得到支持。兰德公司的一项研究表明，"相比之下，开展个性化学习的在校生在两个学年中取得更大进步，一开始落后的学生现在也能赶上，达到全国平均分或以上。"（潘恩等，2015，第34页）

灵活的学习环境如何增强教师的工作效率

我们的人生中都有过合作伙伴——可能是工作时同事帮我们发现被忽略的事情，或是配偶分担家长的责任——这提升了我们的效率。为了一个共同目标与某人紧密合作（提升工作表现，或把孩子培

> 灵活的时间段有助于学生让自己的学习个性化，包括个性化学习方法、建立学科关联以及在学习方面发声和选择。

10 SAS张贴的这些"海报"描述了探路者项目提升的学习空间。在一所拥有4000名学生的学校,探路者项目最初只是对较少学生产生直接的影响。因此,在加大规模以及复制在探路者空间实践的理念、教学法及课程之前,对整个学校社区公开他们的努力是有价值的。

> 在一个更灵活的环境中,透明度鼓励老师尽可能在最高的水平上工作。

养好),让我们的人生更美好。当我们有伙伴或团队支持时,我们能够做出更好的决定、表现得更好。老师之间也是如此。当老师合作更密切时,益处多多。老师之间可以相互学习,他们的教学实践能够定期得到更多的反馈。在一个更灵活的环境中,透明度鼓励老师尽可能在最高的水平上工作。有人说灵活的环境确保他们每天带来"一个游戏"。老师们对于所有学生的学习感到了团队的责任。

探路者项目评估工具

从理论上来说,学校先小规模尝试某种创新路径,然后在全校范围内推广,这么做是明智的。然而,在实践中仍然存在一个很大的问题:"我们怎么知道它会奏效?"然后一旦创立探路者项目,紧接着的问题是"我们如何知

探路者项目的等级量表——教与学的效力

在探路者项目创立前后的某个具体时间段中，使用这张表格评估在探路者空间进行的任何课程或学习活动的效力。

活动	描述	权重	真实	部分真实	不真实	权重分
			2	1	0	
自主学习	学生有机会独立完成学习	4				
小团队	学生有机会进行2到5人的团队合作	7				
科技的多样性	在没有老师帮助的情况下，可以使用各种科技	6				
以学生为中心	大部分的学习由学生自己完成，老师直接教导的时间减到最少	5				
以学生为中心	学生有"自主权"，即他们决定学什么、何时学、在哪里学以及怎么学	8				
老师作为教练	老师基本上在一边观察，当学生需要时才提供帮助	10				
多种分组	空间的设计可以容纳不同人数的分组	6				
灵活的日程安排	日程安排的设计让学生在不受中断的情况下学习	9				
室内外学习	空间的设计让学生在天气好的时候到户外学习	4				
跨学科	学生的学习有跨学科的元素	5				
亲手实践的学习	学生有机会在亲手实践的学习中应用他们的理论知识	6				
评估	评估用来衡量学生使用和提升重要生活技能的程度	8				
教师合作	空间的设计让老师们有机会合作	10				
这些只是建议的权重。每所学校或学区应该根据自己的首选事项调整。	优秀	85%-100%	实际分数			
	不错	70%-90%	最高分			176
	可以接受	50%-70%	实际分数占最高分的百分比			
	不可以接受——需要改进	30%-50%	**探路者项目等级量表**			
	差评——需要重大改变	低于30%	**菲尔丁·奈尔国际**			

11 探路者项目创立前后，需要检测某个现有空间整体教育的有效性时，探路者项目评估工具最有用。不管学生正在学什么，这个工具都可以用来为学生设计很棒的教育体验。它是课程、教学法、日程安排、学生自主性、老师合作以及对学生评估的无缝衔接。它可以从量的层面深刻影响教与学的质的元素。

> 探路者项目创立前后，需要检测某个现有空间整体教育的有效性时，探路者项目评估工具最有用。

道它奏效"以及"这与之前相比有何改观"。

如同我们在整本书中阐述的，学习空间影响我们学习的内容、学习的方式以及我们学习的效果。然而，学习空间本身只是故事的一部分。只有当老师和学生充分利用空间作为学习资源的潜能，我们才能确定某个学习空间的真正效力。这一点跟其他学习资源没什么区别，计算机可以让学习者利用网络获取信息、与他人在线上沟通，但如果把一台计算机放在箱子里或摆在桌子上却没有连网，这样绝对不会产生什么效果。

我们提供的"探路者项目评估工具"是一个多元化工具；这个工具可以用来评估学习空间的质量及使用情况，当我们考虑诸如日程安排这样的附属元素如何让环境的价值最大化时，也可以利用这个工具来评估。

探路者项目创立前后，需要检测某个现有空间整体教育的有效性时，探路者项目评估工具最有用。不管学生正在学什么，这个工具可以用来为学生设计很棒的教育体验。它是课程、教学法、日程安排、学生自主性、老师合作以及对学生评估的无缝衔接。它可以从量的层面深刻影响教与学的质的元素。在这个过程中，这个工具可以提供确凿的"数据"，让学校证明更大规模、全校范围的翻新项目以及修建其他建筑的可行性。

参考书目：

H. H. 雅克布斯 & M. 阿尔科克，《学校的大胆举措：我们如何创造卓越的学习环境》，亚历山德里亚，弗吉尼亚，美国：ASCD，2017。

J. 潘恩，E. 斯坦纳，M. 贝尔德 & L. 汉密尔顿，《继续进步：个性化学习大有前途》，2015。

G. 沃尔，《实体设计对学生课业的影响》，新西兰教育部，2016. 网页链接https://www.education.govt.nz/assets/Documents/Primary-Secondary/Property/School-property-design/Flexible-learning-spaces/FLS-The-impact-of-physical-design-on-student-outcomes.pdf

9 转变设计理念的学校在增多
——博尔德谷学校的故事
CHAPTER

　　我们关注的是一个新的、改进的教育模型，这个模型坚实地建立在整本书引用的学习理论研究基础上，而且理查德·埃尔莫尔博士在第二部分的第十一章对此做了非常详细的阐述。这么做是为了建议大家通过新的方式构建学校，从而有别于当前多数学校的设计。这个新模型建议摒弃"教室"，构建"学习社区"；在这个新模型中，学生可以自由地选择各种学习方式，诸如自主学习、同伴辅导、团队合作、研究以及展示，同时新模型也给老师提供了一个更丰富的调色板；与传统设计的教学楼相比，在新模型中老师有多种教学机会。

　　这里展示的许多想法都有难以辩驳的理论依据，因为大部分教育工作者都支持这些想法。然而把教育模型从以老师为中心变成以学生为中心、从基于教室改成基于学习社区，这样的转变并不容易。甚至竞争力颇强的高级私立学校想有所改变都得努力争取。因此，让学区各所学校都应用新模型比预期难得多，事情也确实如此。然而，本书这一章节想告诉大家的是尽管开展更大规模的转变不易，但也不是不可能。

　　在未来的几年，全国成千上万

> 本书关注的是通过新的方式构建学校，从而有别于当前多数学校的设计、建立与运营。

所学校由于校龄和校园环境的缘故都
需要升级。投入数百亿美元的建设资
金肯定让学校都得到很好的修缮。我
们的论点是可以把这样的资金作为

> 让学区各所学校都应用新
> 模型比预期难得多。

面对未来教育的一个大好机会，因而让新的和翻新的教学楼成为新教育模型
真正的代言人。比起在大小相似的教室里教学，新的教育模型更符合当今的
需求。

博尔德谷校区有足够的勇气这么做。博尔德谷校区坐拥56所学校，共有
31000名学生，学校坐落在社区附近，包括美国科罗拉多的博尔德峡谷。把债
券公投募集的5.76亿美金用来建设和翻新学校，不仅为学生提供更好的学习
环境，也为老师提供机会实践不同的教学模式，即更强调密切合作及跨学科。
大部分债券资金已经分配给各所急需在建筑、工程及结构上加以改善的学校。
债券预算包括资助建设三所新的小学，一所从幼儿园到八年级的学校，然后

1 博尔德谷校区在科罗
拉多州Erie市的第一所学
校是草地鹨学校，为学前
到八年级的学生服务。学
校由五个学习社区构成，
是一个富有活力的学习环
境。教学楼的蓝图呈现的
创新型教育空间促进所有
股东的合作关系。

布伦特·考德威尔校长和
森宁·科纳校长助理提供
信息。

弗雷德·J.福尔麦斯特
摄影。

> "
>
> 博尔德谷校区债券项目的教育创新部分是一个很棒的范例，说明当社区用债券支持他们的学校进行设施改造，可以作为促进教育创新实践的催化剂，成效卓著。

对其他几所初中和高中做大的翻新。同时也预留了大约2000万美金资助不同学校的创新项目。如果想申请到资金，每所学校得研发一个创新项目计划来展示它们的花销会带来直接的教育益处。下面将列出部分益处。

在本章，我们邀请教育创新主任基芬妮·莱切克从校区的角度向大家展示博尔德谷的故事。我们也请博尔德谷校区对目前在新学校和翻新学校工作的老师进行问卷调查。"创新指导原则"体现了校区对教师高层次的期待，我们想了解老师们认为创新的学习环境多大程度上帮助他们实现了这些期待。我们也在本章展示来自校区的调查数据；另外要说明的是，老师在教学实践上的重大转变产生还不到一年的时间。接下来的两三年我们会再次开展这个问卷调查，那时新的学习模式将成为常态，而不是老师仍在适应的这个模式，那么调查结果将呈现学习空间和授课实践之间更积极的关联。

创新空间作为教学转变的催化剂——创新和建设资金如何改变博尔德谷校区学习的故事

作者博尔德谷校区教育创新主任，基芬妮·莱切克[①]

在建筑领域，一般认为形式服从功能。然而博尔德谷区的学校在教育工作者创新型教学的鼓舞下，为未来建设学习环境。

---

① 特别感谢以下博尔德谷校区职员对这篇文章的支持：苏珊·卡森斯、兰迪·巴伯、亚当·高尔文、西西·戴维斯、弗兰西恩·尤菲米娅、乔恩·沃尔夫、萨曼塔·梅喜尔、罗博·普莱斯、大卫·埃根以及斯蒂芬妮·施罗德。

为学生的成功而建设

"为学生的成功而建设"是博尔德谷校区的一个债券资金项目，项目的教育创新部分向我们展示社区通过资助学校改进设施，进而推进创新型教学实践。

博尔德谷的纳税人于2014年通过了一个5.76亿美元的债券资金项目。这些资金的一半用来修缮教学楼，并为学生维持安全、健康及舒适的教学环境；资金的另一部分主要用来创建支持教学创新的学习环境。

本章一开始就提到了师生合作是学习社区理念的核心。这对博尔德谷校区而言是一个重大的转变。校区里传统设计的学校由过道和大小一样的教室组成，这样的环境是为以老师为主导、通过讲课的方式来学习的教育体验构建的。需要重新思考如何创新地设计学校，从而使得空间的质量最优化、更好地为教学需求服务，以及支持多种不同的学习模式。有的空间用于向专家学习效果很好（"传统"的授课型教学），在合作型空间学生可以分成小组、相互学习，还有展示空间、教师合作室、允许学生单独学习和静下来反思的空间、允许更大的学习社区聚集的空间。转变的目标是根据学生的学习需求让学习环境更灵活且具备多种功能。创新型学习环境移除了传统设计的教学楼造成的障碍，让学生和老师接触本书第一章提及的更广阔的机遇。

债券资助项目通过后的短短几年，现今的博尔德谷校区已经修建四所新学校，并翻新了几所既有的学校来支持以学生为中心的教学模型，这在旧的教学楼几乎无法实施。

博尔德谷校区决定使用债券资金创建最先进的学习环境之后，选择了世界知名的设计公司

> "创新指导原则"体现了校区对教师高层次的期待，我们想了解老师们认为创新的学习环境多大程度上帮助他们实现了这些期待。

2 人马座教学楼的翻新让大家重新思考如何建设学校，从而帮助学生在21世纪获得成功。人马座教学楼被认为是校区教育创新的典范，它将作为21世纪教学的榜样，而且创新的学习环境将让博尔德谷校区的战略规划和创新指导原则付诸实践。

> 学校建设资金可以作为面对未来教育的一个大好机会，因而让新的和翻新的教学楼成为新教育模型真正的代言人。

菲尔丁·奈尔国际作为设计建筑师，为四所新学校和两所翻新学校的项目做设计。菲尔丁·奈尔国际和当地一位建筑师合作为每所新学校做设计。[①]

　　来自菲尔丁·奈尔国际的建筑师和教育顾问与博尔德谷校区密切沟通，首先确定学校社区对未来教育的期待，并讨论通过教学楼项目实现这些期待的最佳方式。参与合作构想愿景过程的领导团队包括来自主要股东群体的代表，诸如学生、老师、家长、行政

---

① 当地建筑师：草地鹨学校：库宁汉集团，绿宝石：RB+B，溪边：邦纳、瓦格纳、格罗迪，道格拉斯：RTA，巅峰中学：库宁汉集团，人马座高中：GKK工作室

3 绿宝石是社区的一所学校，学校反映了现实中的多样性是可以实现的。在2016到2017学年，学校重建，绿宝石2.0于2017年8月开放。新的教学楼突出了创新型学习环境的特征，可以联结户外及自然光，科技完全更新。我们相信构建积极的关系以及明确地教我们的每位学生四个魔力词汇（专注、正直、尊重、共鸣）对学习的最优化起了关键作用。博尔德谷校区工作人员这样评价。

人员以及校区教育领导。这一过程的结果是创立了校区的"创新指导原则"，以此驱动规划、设计、修建和运营新建学校及翻新学校的整个过程。

博尔德谷校区的创新指导原则驱动了新学校和翻新学校的设计

1. 在提问中学习。我们相信学习是由真实问题启发的旅程。在提问的旅程中，学习者获得为他们下一次旅程准备的知识、能力、思维方式和技能。老师可以通过提问引导旅程中的学习者学习具体的知识和技能，或者更理想的话，由学习者自己提问。我们将养成这样的文化，即问题和答案同样重要，并且要挑战和鼓励每位学习者提问。

2. 通过学习培养好奇心和冒险的文化。为了成功，首先必须尝试。在理解学习内容的过程中，学习者应当有相应的机会、老师的指导和鼓励来适当

4 学校经常忽略却至关重要的一部分是令人感到宾至如归的学校入口，比如博尔德谷绿宝石小学的这个入口。这个空间作为学校的"核心"，给学生和来访者提供了一个温馨且舒适的地方，这里有壁炉，并直接引领大家走向一个自然光充沛、进出方便的好奇中心。

保罗·布洛克林摄影。

地冒险——拓展他们现有的知识和能力，甚至突破现状的局限。我们支持所有年龄段的学习者在学习过程中冒险。我们积极创建这样的文化，即好奇心比死记硬背更有价值，而且倘若这一过程失败了，也比获得成功时的自满更值得看重。

　　3. 通过多种方式展示对学习的掌握。 我们相信有许多方式可以展示对技

能深层次的理解和掌握。学习者培养
他们的技能，并通过他人能够看到、
理解以及借鉴的方式来展示他们所学
的知识。学习者从口头上、视觉上、
通过数码的形式及多种媒体来完成项

> 博尔德谷校区的债券资金
> 主要用来创建支持教学创新的
> 学习环境。

目，然后向大家展示他们对知识的理解。老师和学习者将使用各种工具，并
通过多种方式衡量他们的技能和理解。

　　4. 学习是一个社交过程。我们相信学习需要互动。如果孤立地学习，就
没有和他人交流想法的机会。通过合作的机会，学生借鉴他人的想法来启发、
提升以及反思自己的学习。学习者将寻求高度的合作，从而产生更深层次、
有意义的学习。我们期望养成这样的文化，即鼓励有意义的互动，构建所有学

5 关于鼓励学生提问的空间，绿宝石小学里的这个好奇中心是最好的例子。好奇中心把图书馆
提升到一个新的层次，不仅给学生提供书籍而且还有各种科技，从而鼓励学生不仅吸收信息而且
更要创造。

> 创新型学习环境移除了传统设计的教学楼造成的障碍，让学生和老师接触本书第一章提及的更广阔的机遇。

习者都感到安全的社区，在这个社区里，每个人的声音都能被听到，每个人都受到重视。

5. 对于影响当地、国家或全球社区的真实挑战，学生能够想出解决方案，这时体现了学习的力量。 我们相信真实的世界是与学习最相关的语境。当学习者应用他们的知识和技能来迎接生活中面临的挑战，他们对所学的知识可能更感兴趣。在真实的语境中学习，让学生的学习更有主动性。我们设计并促成学术严谨的学习体验、项目、案例研究、实习以及服务学习，这些给学习者机会，让他们对所在社区及更广大的社区产生影响。

6. 学习个性化并由学习者引导。 学习者发展技能和能力来训练高层次的自我管理、主人翁精神以及对自己的学习负责，我们意识到这些元素的重

6 好奇中心确实有书，学生也能接触各种数码工具和资源来帮助他们调查和研究。我们的一位校长称之为"类固醇图书馆"——基芬妮·莱切克

在博尔德谷竣工的好奇中心仍然保留过去图书馆的特征。在图书馆这样的空间，学生有自主性，这是一个可以放松的安静之地，而且最重要的是可以在一个舒适的环境中享受一本伟大书籍的陪伴。

图为草地鹨学校的好奇中心。

7,8 在博尔德谷的巅峰中学，过道被拓宽后也可以作为毗邻学习工作室的小组讨论区。这使得原先无法利用的过道变成充分运作的空间，整个学校日当中大家都可以使用。

要性。我们提供的学习体验强调学生的自主性、选择权、自我评估、多重反复验证、积极探索以及各种学习方式。教学方法强调打基础、系统性地指导、建导、同伴教学和复习、与社区联结以及其他为使得学习有意义、令人投入并且有效而

> 在理解学习内容的过程中，学习者应当有相应的机会、老师的指导和鼓励来适当地冒险。

设计的策略。

> 创新指导原则体现了大家的期待，是新学校和翻新学校的指路牌。

创新指导原则体现了大家的期待，是新学校和翻新学校的指路牌。新设计的学校被称作"蓝图"，因为它们成了校区创新型学习空间和教学创新的蓝图。"蓝图学校"这个名字源自于《重新设计一所好学校》这本书，为创新型教育空间和创新型教学的关联提供强大的理论依据。[①]

特别感谢我们"蓝图学校"负责建筑方面的领导，他们作为校长和校长助理日复一日地负责工程的实施。[②]

以下的例子讲述创新型指导原则如何应用于设计我们的蓝图学校或翻新项目。

蓝图学校

每一所新学校的好奇中心都是鼓励学生提问的精彩例子。随着信息时代的出现，人们越来越习惯于通过互联网获取信息，我们应当重新定义学校图书馆，讨论如何利用图书馆来支持学生学习。

新的好奇中心确实有书，学生也能接触各种数码工具和资源来帮助他们调查和研究。我们的一位校长称之为"类固醇图书馆"。

除了研究资源，我们的好奇中心也包括制造者空间这样的区域，孩子们在那里可以通过设计和创造提问。这些制造者空间通常设有3D打印机、机器人技术，而且能够使用绿色屏幕和数码录制设备。

溪边小学已经采用激发好奇心的指导原则，并将此作为学校信条的一部

---

① 《重新设计一所好学校》，普拉卡什·奈尔著，中国青年出版社出版，2019。

② 感谢萨马拉·威廉姆斯、弗兰西恩·尤菲米娅、乔恩·沃尔夫、布莱恩·克德维尔、森南·克诺尔、亚当·高尔文、西西·戴维斯、丹·瑞安的领导力和热情。

 9 诸如草地鹨学校这样的自助餐厅如同好的咖啡馆一样百般舒适，此外还增添了一些美妙的山景。

弗雷德·J.福尔麦斯特摄影。

分，即"培养好奇心"。

学校开启新学年的方式是通过挑战师生使用制造者空间的设备来探索学生的好奇心。在这一年里，全体职员关注更多的是创造一个"制造文化"，并努力在学习社区和其他公共区域使用制造者空间的工具，从而提升所有学术领域的教学。

除了培养提问的精神，我们的好奇中心显然支持创新指导原则。学生可以接触印刷、数码信息以及数码工具，这样他们就能够通过阅读和研究探索他们的好奇心。

从冒险的角度来说，我们新的教学楼建立在学习社区模型的基础之上，因此挑战了我们的学区和建筑领导者，尤其是我们的老师，冒很大风险重新思考他们的教学实践。

> 新设计的学校被称作"蓝图"，因为它们成了校区创新型学习空间和教学创新的蓝图。

这是第二个次序的重大转变，给我们带来无数成功的机会，当然也会有失败的部分。然而，这些失败允许我们重新组合、重新思考、重新开始，并延伸我们的思考为学生提供更多创新的学习机会。

翻新项目的收获

维特尔国际小学有一项历史悠久的国际中学毕业会考项目（IB PYP），这所学校一直关注跨学科单元的教学，允许学生对自己的学习有自主权，并在他们的世界里做出行动。维特尔使用它们的创新资金购买可移动、灵活的家具以及多种坐席，如此创造出更加多样的空间来满足老师和学习者的需求。老师希望具备这样的能力：从个体学习的环境快捷、灵敏地转换到支持人数不一的合作小组的空间。

新家具让学习环境能够更好地匹配跨学科单元学习的目标，因此，对于学习内容、学习地点或在什么样的环境学习，学生现在有自主权和选择权。这个项目产生的学习环境提升了学生会考的水平，而且平时在维特尔的教室里就能看到效果。当家具到位时，校长注意到，"卫生间过去常常挤满了学习中途小憩的学生。自从有了新的学习环境之后，卫生间安静了下来，教室热闹了起来，因为有了了新家具，学生在学习中也能自由灵活地移动。"

阿斯彭溪学校（幼儿园到八年级）在他们的小学部创建新的学习小屋，重新设计图书馆，创建远程学习实验室，把计算机实验室改造成制作者空间并称之为"智囊团"，从而让学生接触他们可以创造、发明以及尝试新想法的空间。

学校努力为学生领导的实验区提供场所和机会，在这个实验区孩子们可以发明、制作、拆卸、重建，并以此激励他们的学习。另外一个项目的目标是创建展示学生成果的空间，从而启发其他学生的想法。灵活区的使用是用来构建好奇心和设计的过程，从而支持学生在学习期间参与探索和创造。

博尔德谷各所新学校和翻新学校都采纳创新指导原则，而这些原则激励

10 新学校和翻新学校的项目提供了一个有趣的机会，让大家看到"墙之外和地面之下"，这样学生可以了解教学楼实际修建的工程。露出来的电学、机械以及管道系统等元素成为学校正式和非正式学习的一部分。

图为草地鹨学校。

弗雷德·J. 福尔麦斯特摄影。

> 学校努力为学生领导的实验区提供场所和机会，在这个实验区孩子们可以发明、制作、拆卸、重建，并以此激励他们的学习。

了好几十项创新型实践。[1]

撰写本书时，博尔德谷新学校和翻新学校已经在他们新的教学楼开始第二个学年了；有显著的证据表明，当学生和老师有机会在创新型学习环境中学习时，创新型、以学生为中心的教育实践将发展得很好。

博尔德谷教师问卷调查的结果

从一开始准备到写作本书的这一章节，我们请博尔德谷校区对老师做问卷调查，从教学的角度评估新教学楼和翻新教学楼的有效性。这一章节也通过图表的方式展示问卷调查的结果。以下是对教师问卷调查结果的总结：

1. 新学校和翻新的学校加起来有六所，总共86名教师参加此次问卷调查。

2. 53%的老师和100%核心科目的老师表示，搬入新的学习空间后他们已经明显或适度地调整了教学。

3. 74%的老师认为，他们过渡到新的空间并不难，这让他们有许多新的机会可以教学。[2]

4. 教学楼在与学习有关的许多方面有了提升，老师就此列举了他们的体验。在他们的清单顶端是以学生为中心的学习空间、得到改善的日照光以及更为多样、舒适的家具。

5. 老师感到对学生产生最积极影响的是：各种空间和可移动的、组合式家具。

6. 分别有97%和99%的老师感到新教学楼和翻新的教学楼支持六项创新

---

① 更多细节，请见本书在LearningByDesign.co的网页。

② 老师们能够轻松地适应新的空间是因为他们都有职业发展培训的机会，学校通过课程和学习活动开展这样的培训，大多数老师都参加了。

指导原则的实施。

结果显示博尔德谷校区在利用修建资金项目提升教育愿景这一方面获得了成功。博尔德谷校区通过深思熟虑、有条不紊以及全方位的方式来执行这个项目，这样他们整个学校社区能够在修建之前、期间以及之后与建筑师及专业发展团队携手并进。有证据显示，当老师更熟悉、适应他们的新空间，新空间会继续积极地影响他们的教学实践和学生的学习。毫无疑问，学生的成就也得到提升——这样的提升不是通过传统的标准化测试获取好成绩，更重要的是获取并构建宝贵的技能，诸如解决复杂问题、批判性思维以及创造力。[①]

---

① 更多关于博尔德谷校区的创新项目，请见bvsdinnovation.org。

博尔德谷校区关于新学校和翻新学校的
教师问卷调查统计图

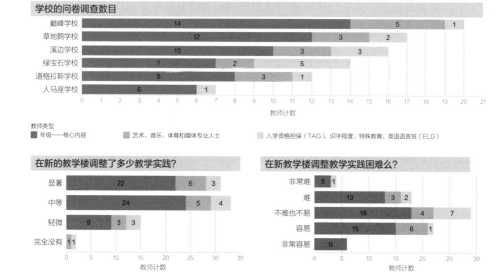

学校的问卷调查数目

学校	年级——核心内容	艺术、音乐、体育和媒体专业人士	入学资格担保（TAG），识字程度，特殊教育，英语语言班（ELD）
巅峰学校	14	5	1
草地鹨学校	12	3	2
溪边学校	10	3	3
绿宝石学校	7	2	5
道格拉斯学校	8	3	1
人马座学校	6	1	

教师计数

教师类型
■ 年级——核心内容　　■ 艺术、音乐、体育和媒体专业人士　　□ 入学资格担保（TAG），识字程度，特殊教育，英语语言班（ELD）

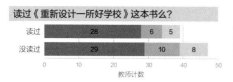

在新的教学楼调整了多少教学实践？

显著	22	6	3
中等	24	5	4
轻微	9	3	3
完全没有	11		

教师计数

在新教学楼调整教学实践困难么？

非常难	3	1	
难	13	3	2
不难也不易	18	4	7
容易	15	6	1
非常容易	6		

教师计数

读过《重新设计一所好学校》这本书么？

读过	28	6	5
没读过	29	10	8

教师计数

教的课程以及出席的活动是什么？

介绍PBL课程*	43%
创新@博尔德谷活动	16%
《重新设计一所好学校》学习小组	16%
《自我学习的领导》学习小组	10%
PK·扬学校网络研讨会	6%

* PBL的全称是Problem-Based-Learning，基于问题的学习，是美国
课堂常见的一种教学法——译者注。

11 博尔德谷校区。测量六所新学校和翻新学校的有效性，对教师进行问卷调查的结果。第
一部分。

博尔德谷校区关于新学校和翻新学校的
教师问卷调查表

你认为新教学楼哪些特征体现最大的改善？

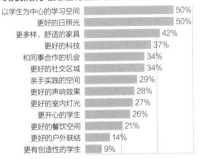

以学生为中心的学习空间	50%
更好的日照光	50%
更多样、舒适的家具	42%
更好的科技	37%
和同事合作的机会	34%
更好的社交区域	34%
亲手实践的空间	29%
更好的声响效果	28%
更好的室内灯光	27%
更开心的学生	26%
更好的餐饮空间	21%
更好的户外联结	14%
更有创造性的学生	9%

新空间的哪些元素对学生的学习产生最积极的影响？

各种空间	73%
可移动的、组合式教室桌椅	27%
可移动的墙	17%
可调整的学习操作台	12%

新的教学楼如何很好地支持博尔德谷的创新指导原则？

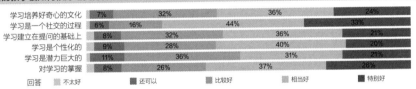

	不太好	还可以	比较好	相当好	特别好
学习培养好奇心的文化	7%	32%	36%		24%
学习是一个社交的过程	6%	16%	44%		33%
学习建立在提问的基础上	8%	32%	36%		21%
学习是个性化的	9%	28%	40%		20%
学习是潜力巨大的	11%	36%	31%		21%
对学习的掌握	8%	26%	37%		26%

12 博尔德谷校区。测量六所新学校和翻新学校的有效性，对教师进行问卷调查的结果。第二部分。

10

教育的未来设计指导
CHAPTER

》

综合考虑，实施本书展示的这些想法能够引领所有学校、学校体系以及教育本身实现勇敢的、有活力的转变。当然转变并非这样发生的。真正的、持久的转变常常以小规模的创新在我们所知的教育领域起步。我们在第八章关于探路者项目的讨论描述过这一点。在本章节，我们将进一步详细讨论能够引领转变的一些创新想法。这里的讨论不是全面论述在世界各地的学校开展的所有伟大的创新，这里提供的只是对于进一步学习和研究的启示。

1 马修·哈斯，现任阿尔伯马尔郡公立学校（ACPS）的主管（左）和艾萨克·威廉姆斯（中间）讨论研究的初步调查结果以及在社区市政厅考虑的情境细节，同时把情境"展示"给大家。

在艾萨克·威廉姆斯的文章中，我们看到美国的一个校区如何严谨地审视他们修建新高中的计划，然后以更好的方式开展他们增加招生的项目。

> 阿尔伯马尔郡公立学校严谨地审视他们修建新高中的计划，然后确定了一个更好的方式来修建学校。

未来高中的愿景

作者艾萨克·威廉姆斯，菲尔丁·奈尔国际的合作伙伴

美国弗吉尼亚的阿尔伯马尔郡公立学校（ACPS）是我们第一个以校区规模设计的学习社区。阿尔伯马尔郡公立学校（ACPS）是一个有趣的案例：年纪较大的学生应该怎样学习、高中意味着什么、看起来应该是什么样的，如果以不同的方式思考，将浮现一个个不同的愿景。

从许多方面来看，阿尔伯马尔郡是美国的一个缩影。占地726平方英里（约合1880平方公里），地理面积相对较大，有一些诸如夏洛茨维尔这样的大城镇和市区，其间有不少乡村。这里的经济和种族情况是多样的，人们在这个区域也得面对许多挑战与不平等。因此，关于系统性的转变，阿尔

2 社区成员近距离研究结果。

175

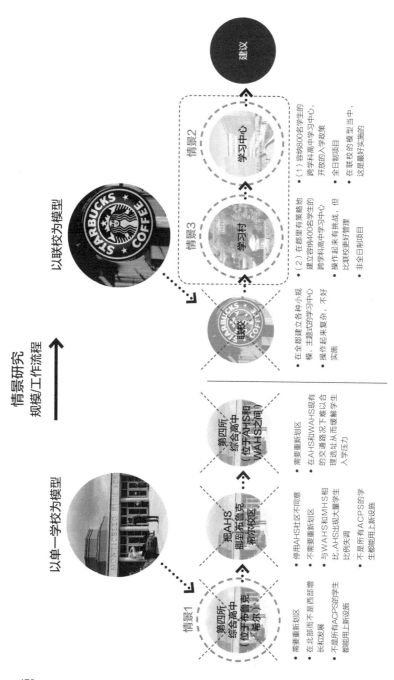

情景研究
规模工作流程

以单一学校为模型

以联校为模型

情景1

第四所
综合高中
（位于布鲁克
希尔）

- 需要重新划区
- 在北部而不是西部增
  长和发展
- 不是所有ACPS的学生
  都能用上新设施

把AHS
那到布鲁克
希尔校区

- 停用AHS社区不同意
- 不需要重新划区
- 与WAHS和MHS相
  比，AHS出现大量学生
  比例失调
- 不是所有ACPS的学
  生都能用上新设施

第四所
综合高中
（位于AHS和
WAHS之间）

- 需要重新划区
- 在AHS和WAHS现有
  的交通路况下难以合
  理选址从而缓解学生
  入学压力

联校

- 在全郡里建立各种小规
  模、主题式的学习中心
- 操作起来复杂，不好
  实施

情景3

学习村

- （2）在郡里有策略地
  建立咨纳约400名学生的
  跨学科高中学习中心
- 操作起来有挑战，但
  比联校更好管理
- 非全日制项目

情景2

学习中心

- （1）咨纳约800名学生的
  跨学科高中学习中心，
  开放的入学政策
- 全日制项目
- 在校的模型当中，
  这是最好实施的

建议

3 一系列情境的研究，从第四所综合高中到郡周围的一系列小规模主题式学习中心。

伯马尔郡公立学校是一个有趣的案例研究，可以应用于美国许多大小相似的城镇和城市。

> 高中学习中心有利于与社区联结，并与当地产业合作。

阿尔伯马尔郡公立学校需要研究出一个规划来解决夏洛茨维尔周围郊区扩大招生的情况。人口数据表明在将来的十年，夏洛茨维尔北部和西部增长的郊区有一大批高中生就学，这会让四所主要的高中当中至少有两所变得重度拥挤。大家讨论过在夏洛茨维尔西北部一个富有的郊区创立第五所高中，而且土地也已经拨给阿尔伯马尔郡。阿尔伯马尔郡公立学校的主管帕姆·莫兰——关于空间在学习过程中的意义，他是全国知名的创造性思维领导者——睿智地把此项研究拓展到阿尔伯马尔郡所有的高中，由此提出校区范围的解决方案。

在阿尔伯马尔郡公立学校（ACPS）援放的一个视频向大家展示了一名高中生在2022年学校生活的一天，根据这个视频我们为未来的一名ACPS学生构想了一个日程原型，这是我们与ACPS共事的开始。[①]这个视频精彩地呈现了一系列体验：从高中的高级项目作业到在社区实习和当学徒，从早上八点到晚上这样一个更灵活、拓展的日程里开展所有的体验。视频里的学生利用教学楼内外能够支持他们学习的资源来探索他们的热情。**学校不再是一个场所；相反，在这个情境下，学校成了整个社区体验和资源的网络。**

资源网

接着我们开始思考整个学校体系，不局限于高中的概念；把ACPS想象成一个资源网络，而不是系列学校。任何校区的任务不仅是运营学校，而且要把孩子们教育成为健康、智慧以及富有创造性的成人和公民。传统的美国综合高中，每所学校分而治之，显然不能像视频展示的那所高中那样支持所有

---

① 《2022年的高中——人生中的一天》，阿尔伯马尔郡公立学校。
https://www.youtube.com/watch?v=sst80ikBc4w&feature=youtube

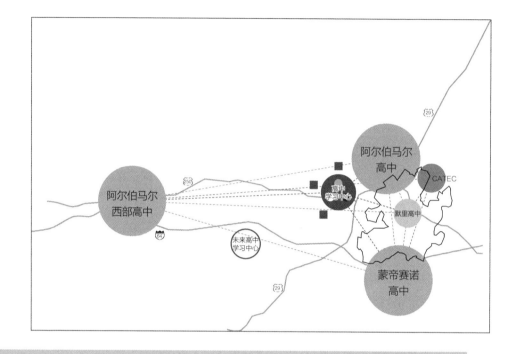

4 推荐并被采纳的解决方案是社区里的资源和项目联网以及在现有的综合高中，增添两个带有高级专业项目的高中学习中心。

学生的热情和兴趣。同样，2019年的图书馆不能够容纳世界上所有的书籍。然而，倘若图书馆可以成为任何人想要的所有知识的入口，那么为何要把学生对知识的追求束缚在一栋教学楼的四堵墙内？因此，该地区再增添一所新的综合高中就没意义了，因为这所新学校将和其他四所高中一样带有局限性，只能满足住在附近的学生的需求。我们需要一个新途径来解决问题。

接下来的问题变成：

• 如何让学生更直接联结社区资源，从而激发并支持他们兴趣的增长？

• 如何克服地理和时间的障碍，为所有学生创造平等的机会使用这些资源来激发并支持他们的兴趣和热情？

• 在高中教学楼的学习体验与在社区的学习体验之间的理想融合是什么？关于高中教学楼的角色，以及教学楼能够促进学习并成为资源网络的一部分，这样的融合将对我们相应的思考方式产生什么样的影响？

高中学习中心——第三个地点

高中学习中心的形式回答了上述这些问题，这样的中心处于社区和高中教学楼之间，社区给学生提供实习机会，教学楼为学生提供发展兴趣、探索热情以及完成高阶作业所需的课程基础。高中学习中心提供一系列专业化的高级项目，涵盖面涉及从夏洛茨维尔商业区的媒体和娱乐到阿尔伯马尔西部乡下的环境科学和可持续发展体系等。来自该地区的全体学生可以根据他们的兴趣来中心学习。中心有利于与社区联结，并与当地产业合作，这样学生可以在中心参与社区活动和商业运作，无需长途跋涉寻找机会。高中学习中心策略性地安置在商业和产业的中心地带，而且确保住在偏远地区的学生能够来中心学习。

有了高中学习中心，现有的高中被重新想象成九年级和十年级学生的"大本营"和基地；通过课程，这些学生将接触更广泛的兴趣和机会，并发展诸如批判性思维、合作、创造力、沟通以及其他一些重要的技能，学生需要这些技能来追求他们的热情，确保他们长远的成功。高中学习中心是在ACPS的愿景上构建的量身定制的路径，11年级和12年级的学生有机会从现有的高中分流到高中学习中心，而社区可以自由地安排日程来支持学生学习。比如，一名对商业感兴趣的学生，早上可以在高中学习中心和当地的导师一起发展自己的商业想法，晚上在线上修习一门社区大学的商业课程，但他仍然是所在高中的学生。

我们把阿尔伯马尔郡公立学校想象成一个资源网络，而不是系列学校。

高中学习中心（原型）
概念/中心

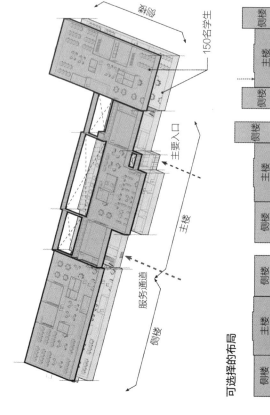

整层

150名学生

主要入口

主楼

服务通道

侧楼

关键的概念

- 原型概念有三个灵活的构成：(1) 创新核心，(2) 学术楼，(3) 展示区。

- 通过高中改造，学术楼可以与核心区联结，从而可以最大程度地灵活安排，并在不同的地点学习。

- 原型的设计可以容纳约600名学生。

- 每栋学术楼有两层，每一层可以容纳150名学生。

- 学术楼有利于完成设计学生设计的作业，学生可以在各种空间完成21世纪工作流程的作业。

- "创新核心"为真实的、跨学科作业提供空间，并且在非学校日期间同学术楼是关闭的，但这个空间可以保持开放，作为社区空间运营。

- 展示区、项目工作室以及合作区，所有这些都为学生提供机会与核心区及学术楼的社区专家及领导沟通。

可选择的布局

主楼
侧楼
侧楼

环境——狭长的场地

侧楼
主楼
侧楼

环境——合拐角

侧楼
主楼
侧楼

环境——紧凑型或密集型场地

5 图片展示阿尔伯马尔郡高中学习中心的原型，一个介于社区和综合高中之外的第三个地点。社区给学生提供实习的机会；而综合高中成为学生的大本营。

ACPS的资源网充分利用社区宝贵的学习机会，并通过高中学习中心的专业资源来激励并支持学生的兴趣、为他们提供机遇，让他们能够通过合作在现实世界追求这些兴趣。在2022年的高

> 多数机构没有教授学生当代教育的核心内容，即创业精神。

中愿景里，每名学生受到启发、身心投入并且有机会发展和追求他们的热情，因此呈现了完全不一样的高中愿景，并告诉大家如何运营校区。[①]

年轻企业家的工作室：创造性、有抱负地思考

在前面部分，我们看到高中的未来与现有的高中非常不同。这并不意味着学校不能作为一个"地点"存在。事实上，我们整本书的很多例子都展示学校可以再次变得激动人心、与时俱进。这一部分提供的想法是"年轻企业家工作室"，两间教室这样的空间就可以创建了。

那么，为何要这么做呢？为何需要教学生创业精神，为何要为此创立一个"工作室"？这部分将回答这两个问题。

"社会一直在革新，但我们的学校（从幼儿园到12年级）却停滞不前。结果，学生毕业时不能成为世界所需的实践者、制造者和最前沿的思考者。多数机构没有教授学生当代教育的核心内容，即创业精神，这不仅指开创公司的能力，也指创造性、有抱负地思考的能力。"[②]

"关于创业精神的教育对所有社会经济背景的学生都有益，因为它教会孩子打破常规思考，培养孩子非传统的才能和技能。再者，它创造机会，确保社会公正、培养自信并刺激经济的发展。"[③]

既然学校开展创业精神的教育具有如此强大的理论依据，我们决定尝试

---

① 撰写这本书时，第一个高中学习中心和现有高中的现代化正在设计中。

② 《为何学校应当教授创业精神》，企业家。https://www.entrepreneur.com/article/245038

③ 同上。

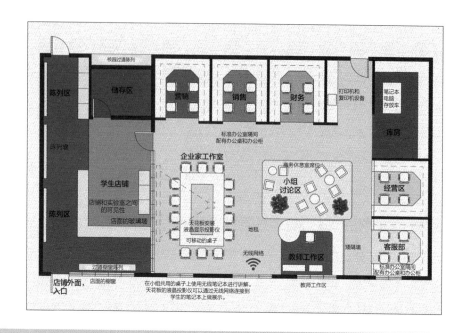

6 草图展示了对于如何布局年轻企业家工作室的建议。把两间传统的教室合并起来，一个暑假就能竣工。

设计一个"工作室"专门致力于这个重要的项目。我们意识到学生已经参加与创业教育相关的学习任务。那么，为何不让学生直接发展并运营他们自己的"生意"呢？在图中的这个例子中，我们展示了一个"商铺"，在那里可以销售产品，还有一间办公室，可以在那里办公运营。

就像任何真实的生意一样，这间商铺有一位主管以及负责市场销售和财务的"职员"。客服中心也是首要之事。起初的"顾客"可能只是父母还有社区的一些好心人，但如果生意成功的话，产品、商品和服务也很有可能在更大的社区销售。

这间商铺适合初中生和高中生。"课程"包括生意经营成功所需的元素，这也可以跟初中和高中的学习内容挂钩。包含在教育"标准"里的内容、技能以及能力，在学习如何成功经营生意时将自动涉及这些元素，而且数量令人吃惊。当然，学生没必要全日制学习这门"课程"，这意味着学生可以兼职学做生意，同时完成其他课程来满足州制定的课程需求。

> 真实、有意义、有价值的工作能够产生真实、有意义的学习。

　　显然，来自社区的成功企业家可以担任这类课程的好"老师"，他们可以兼职当学生的顾问，帮助学生开展并实施他们的商业计划。不过，老师的角色不是负责运营，而是让生意顺其自然地运营。在现实世界，大部分的创业型企业失败了，因此即使在学校开展的生意失败了，学生也能学到重要的教训。

　　我们通过草图建议的设计和布局可以根据不同的生意需求调整。有一些生意以服务为导向，布局的感觉需要更像"办公室"（这张草图就是为此设计的）。学生的生意如果以生产为导向，那么办公室就可以改成生产工作室。这个工作室基本上是一个开放的空间，可以根据年轻企业家规划、开创和运营时的需要，通过一些小的移动隔墙和生意所需的合适家具改变布局。

年轻主厨工作室

　　"让食物成为你的药，药成为你的食物。"

——希波克拉底

　　在第六章，我们讨论了孩子学习烹饪和烘焙技能有助于施展他们的创意。我们也为这些技能的发展提供了强大的理论依据。在此，我们把烹饪和烘焙的想法带回空间设计领域。我们提议构建一个厨房和咖啡屋结合的空间，称之为年轻主厨工作室。如同上面讨论的企业家工作室，真实、有意义、有价值的工作能够产生真实、有意义的学习。"'让我们去烹饪吧'（这是一个5000多家于学校创建的家庭烹饪俱乐部网络）报道：大约60%参加俱乐部的人说

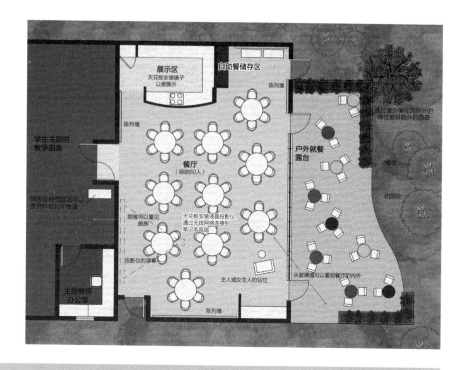

7 草图展示了对于如何布局年轻主厨工作室的提议。这个空间可以从与商业厨房毗邻的学校餐厅整合出来构建。厨房可能需要一些改进和资源优化，进而成为年轻厨师的教学厨房。户外就餐露台是一个很好的特色，但如果没有这样的条件，工作室也可以运营。

他们学会烹饪营养均衡的饮食之后，开始了更健康的饮食。该俱乐部成员十人当中有九人（92%）也报告他们经常在家里应用新学的烹饪技能。"①

　　可以新建一个年轻主厨工作室，也可以改进现有的学校厨房和餐厅。我们这里建议的建筑平面图只是其中一个途径，并非实际务必如此设计。比如，不是所有学校都能提供与咖啡屋毗邻的户外就餐空间。重点是实现基本的目的。学生在工业级厨房跟一位专业主厨"学习"如何烹饪。他们了解食物准

---

① 《在学校学烹饪的理由》。
https://www.schoolfoodmatters.org/why-school-food-matters/why-cooking-schools

备过程中的许多步骤，以及跟厨房有关的一些操作，诸如食物运送与储存、健康与卫生等。学习不仅是观察，而且是亲手实践。随着学生在他们的烹饪教育中进步，他们将有机会为更

> 户外学习不是辅助，而是作为学校精神及课程重要且完整的一部分。

大的群体规划饮食，参与决定食物的数量，从学校农场或当地食品市场获取妥当、新鲜的食材，设计菜单，并为真正的"顾客"准备和提供食物。年轻主厨工作室的主持人可以是全日制学生，也可以是晚上和周末有空的社区成员，这时学校咖啡屋可以像专业餐厅一样运营。这样也提升了大家对学生手艺的期待，而且根据我们的经验，任何时候给予学生这样的责任和机会自我展示，他们就会脱颖而出。

学校农场和户外学习：校园院墙外

在第三章我们谈及园艺和照顾动物的重要性。所有学校都可以从户外的课程项目中受益。虽然户外学习的益处不容置疑，多数学校仍然受制于这样的思维方式，即户外是与大自然联结、让人放松的地方，但所有"真实的"学习只能在教室里实现。在这一部分，我们想突出户外学习的价值：户外学习不是辅助，而是作为学校精神及课程重要且完整的一部分。在所有这些案例中，学校把户外学习作为学生在校学习完整的一部分，然后充分开展并实施，如此这般，我们发现学生明显比他们在室内时更多投入到他们的学习当中。

后文的例子展示了一些学校已经安排的固定的户外学习项目，这些项目对孩子们的益处显而易见。

> 多数学校仍然受制于这样的思维方式，即户外是与大自然联结、让人放松的地方，但所有"真实的"学习只能在教室里实现。

8 杜塞尔多夫国际学校的室外自然学习区。

杜塞尔多夫国际学校（International School of Dusseldorf）

不管天气如何，杜塞尔多夫国际学校的孩子们都到户外活动。他们在户外参加一系列构建、艺术和园艺类活动，因此有机会呼吸新鲜空气、和动物互动、和其他同学交流及做游戏。杜塞尔多夫国际学校举办过一次讨论户外学习的活动，当中提及，"我们已经开展了十年的户外学习活动。如今，我们的小学部从接收孩子开始到五年级都给学生提供户外资源。我们是欧洲唯一一所把户外学习开展到如此程度的国际学校。"

佛罗里达卢茨的学习之门社区学校（Learning Gate Community School）

自然是我们最好的老师，这是该校的校训。"学习之门汉纳校园原先是一片27英亩的橘子园，后来逐渐转变成稠密的橡树林。校园也有一个池塘、一片沼泽地和一个湖区，这些在学年期间被用于各种课程及项目。所有学生（从幼儿园到五年级）在他们上课期间协助管理土地并记录生活在这里的植物和动物。项目包括寻找入侵植物的竞赛、追踪爬行动物和哺乳动物的品种，以

9 "自然是我们最好的老师。"学生在花园里干活，佛罗里达卢茨学习之门社区学校里的这座花园是大片森林区域的一部分。

及协助鸟迁徙的研究项目。"[1]

"学习之门的模型不仅关注关于环境的学习，而且鼓励把学校周围环境和社区作为一个框架，让学生在里面构建他们自己的学习。老师和行政人员运用可行的教育实践，让学生在他们的指导下，利用环境全面关注所有领域的学习：思考和解决问题的技能、基本的生活技能，以及理解个人与社区及自然环境的关系。"[2]

巴拉腊特文法学校的罗文山农场（Ballarat Grammar School's Mount Rowan Farm）

澳大利亚维多利亚的巴拉腊特文法学校把户外学习提升到一个全新的层次。他们建立了专用的罗文山农场校园，距离他们的主校园开车只需要10分钟。"这个创新型的农场安置了学校的农业学和园艺学，以及一个独特的项

---

[1]　https://www.learninggate.org/environment/conservation/

[2]　https://www.learninggate.org/environment/environmental-education/

10 鲍尔斯学校农场是一个环境友好的项目，包括许多可持续发展的特征。新建的12000平方英尺设施使用了地热采暖、高性能绝缘、化粪池、一个生物滞留池，以及一个充分运作的温室。

克里斯托弗·拉克摄影。

目——12个月为一期的四年项目。这个四年项目设置在罗文山上，是一个创新型模型，关注基于地点的学习，学校设计这个项目从而把学生培养成社区有原则的、活跃的成员。"[1]

布隆菲尔德山学校的查尔斯·L. 鲍尔斯农场（Charles L. Bowers Farm, Bloomfield Hills Schools）

如同上述的巴拉腊特文法学校，密歇根布隆菲尔德山的鲍尔斯农场是一

---

[1] 《巴拉腊特文法学校的罗文山农场让大家领略真实的世界》。
https://www.weeklytimesnow.com.au/country-living/education/secondary/ballarat-grammars-mt-rowan-farm-campus-gives-a-taste-of-the-real-world/news-story/f443d0e27d2b44d9e02f06faf8c73e7e

个处在校外的活跃农场，提供一系列在一般校园找不到的丰富资源。用校区的话来说，"查尔斯·L. 鲍尔斯学校农场是布隆菲尔德山学校于20世纪60年代中期购买的，用来作为土地实验室。农场就安置在布隆菲尔德山的90英亩土地上。在农场上放牧的动物诸如绵羊、马、美洲驼，还有一头驴。我们也养了所有类型的家禽、兔子和山羊。饲养农场上的每种动物，以及使用农场设备保养农场，都是为了让农场成为教育型农业生产企业。"

　　鲍尔斯学校农场使用了地热采暖、高性能绝缘、化粪池、一个生物滞留池，以及一个充分运作的温室。

　　在农场上放牧的动物诸如绵羊、马、美洲驼，还有一头驴。我们也养了所有类型的家禽、兔子和山羊。饲养农场上的每种动物，以及使用农场设备保养农场，都是为了让农场成为教育型农业生产企业。

　　"鲍尔斯学校农场是一个环境友好的项目，包括许多可持续发展的特征。新建的12000平方英尺设施使用了地热采暖、高性能绝缘、化粪池、一个生物滞留池，以及一个充分运作的温室。此外还有可回收的柴木、竹子、低挥发性的胶水、粘合剂和地毯以及灯光设备——如果室外光线照进来，室内照明设备就会变暗，这也是学校在采用的'绿色'创举之一。"[1]

职业发展中心：学习未来工作方式

　　2011年斯坦福研究发表了《学校改革丢失的链接》这篇文章，作者是凯丽·R. 莱安娜。[2]与普遍的想法相反，这篇论文提供的证据表明，侧重提升老师的个体能力不如让老师集体合作有效。换言之，据莱安娜所说，"老师之间

---

① 　https://www.bartonmalow.com/projects/bowers-farm

② 　《学校改革丢失的链接》，凯丽·R. 莱安娜著，斯坦福社会创新评论2011。

11 这张图展示理查德·埃尔莫尔在GOGYA职业发展中心的一个工作坊,这个工作坊是为以色列一个100所学校联网的AMIT创立的。自从几年前开设以来,已经有几千名老师在这个富有活力且灵活的中心学习。GOGYA的老师通过多种方式学习,我们期待他们的学生也能够这样学习。

菲尔丁·奈尔国际和阿夫贝特规划室设计。

相互信任及有意义的沟通是真正变革的基础。"

如果把这个里程碑式的研究结果直接应用于学校设施的设计,首先要改变的是传统教室,因为传统教室把每位老师都困在一个盒子里,没什么机会跟同事互动。这里讨论的不是每位老师"拥有"自己的教室,而是老师们可以拥有一个学习社区。在这个社区里,老师可以经常有机会和同事商议,也能够为学生发展跨年龄和跨学科的学习机会。

那么,为何所有学校不立即创立学习社区取代教室?为何老师没有争取让自己从监狱般封闭式的教室中解放出来?这是先有鸡还是先有蛋的问题。学校有课程,老师有熟知的教学法,这些在按年级分配的教室里进展得也不错。课程和教学法依然和过去保持一样,这是

> 不是每位老师"拥有"自己的教室,而是老师们可以拥有一个学习社区。在这个社区里,老师可以经常有机会和同事商议,也能够为学生发展跨年龄和跨学科的学习机会。

因为在讲台上授课这样的传统教育模型最适合在教室开展，而任何不同于这一模型的活动实际上不可能在教室里实现。这就意味着由于实体空间的限制，加上教学楼保持原样，课程和教学法不会也不可能改变，因为传统的空间设计服务于普遍存在的教育模型。

综合所有这些考虑便产生教师职业发展的想法，为了让它变得有意义，我们不是培训老师如何在学习社区工作，而是培训他们如何在教室获得最佳价值。假如我们培训老师如何在学习社区工作，当他们回到教室模型的学校却不能应用这些想法，那么培训有何意义？这只是问题的一部分。更大的问题是培训老师的方式。如果老师在其中接受培训的职业发展中心就像教室和过道的传统学校，而且在培训中应用的教学法主要以老师为中心，那么这些老师回到学校的传统教室里，仍然使用以老师为中心的方法来教学生，这样就不足为奇了。

我们对以上困境的解答是开发职业发展中心，在那里，课程、空间和教学法都是现代和与时俱进的，这意味着老师一走进这样的设施，立马意识到

12 GOGYA的制造者实验室同样给老师提供亲手实践的学习体验，如同学生在现代学校的体验，这样的学校为具创意、亲手实践的学习配备了最新设施和科技。

13 使用户外区域开展学习、就餐以及社交是GOGYA的一个重要特色。注意圆形剧场下面一层的席座可以用来开展小型户外聚会。根据一天内的时间早晚打开或关闭外部的遮阳。

这样的空间跟他们平常教学的学校不一样。这只是第一步。在培训期间，老师们学习的方式也是我们希望的学生学习的方式，这样就能实现他们身处创新型空间的全部潜能。换言之，职业发展中心本身的设计就像学习社区一样，培训强调合作并且多数以学习者自我引导完成任务。通过这种职业发展培训，老师将准备好充分利用他们自己学校的创新型学习空间，同时鼓励并支持以学生为中心的学习模式。

新德里的VEGA学校——以学生为中心

在2017年的一个明媚冬日，本书作者普拉卡什和罗尼到新德里的VEGA学校参观，想看看学校创新型设备的使用情况，并学习他们独特的教育模型。前台招待了我们，随即把我们介绍给艾丽娅·夏玛和叙瑞雅恩斯·苏帕卡，两名9岁大的学生，接下来的一个小时她俩带我们参观校园。在参观途中，她们解释了VEGA学校基于项目学习的教育哲学，也谈论了一些她们自己的社区服务任务，比如清新空气运动（在新德里这是一个至关重要的议题，该城市空气重度污染）、构建宗教宽容等。

　　让我们惊叹的是这两名学生回答我们许多问题时流露出来的成熟与满满的自信。在参观途中，她们也向我们展示了主要的学习区或"教室"空间。学习区没有四面墙，空间的设计几乎无法称为传统的教室。到处都是小组讨论区，而且没有过道。有一个室内体操房，也可以作为多功能大厅使用，比如开展音乐舞蹈表演和社区活动。并且在寸土寸金的市区，充分利用小型户外空间开展活动和绿化。

　　和两位小主人告别后，招待我们的也是一位九岁大的孩子内塔纳·萨伊尼，她的任务是让我们深入了解VEGA学校的教育是什么样的以及学校努力实现的目标。学生作为合作伙伴参与目标的设定。老师向学生介绍整个学期将要完成的学业，同时也给学生衡量自己进步的工具。内塔纳向我们正式展示她的代表作品集，其中包括她所完成的作业以及在学期里的进步。

　　比如，内塔纳说她在新学年伊始设定的目标是成为一个更好的沟通

14 本书作者与聪明、口齿伶俐的小向导艾丽娅·夏玛及叙瑞雅恩斯·苏帕卡在印度新德里的VEGA学校。

者——这让我们忍不住笑了，因为她显然已经实现并远远超越了这个目标！内塔纳的展示大约持续了25分钟，在这过程中，我们常打断她提问，看看她是否因此"紧张"，但她保持冷静，并耐心地回答我们，再次展现超越她年龄的成熟。自然，我们倾向于相信VEGA学校选择内塔纳是因为她是他们的"代表"，我们也问了她这个问题。听到这个问题她看起来很吃惊，说："不。这不是我每天都做的事。这里所有学生都轮流展示他们的作品。今天正好轮到我。"

将近两个小时之后我们才见到学校领导，但这两个小时告诉我们，VEGA学校不是说说而已，而是真正践行他们的理念。我们知道没有多少学校会完全通过学生来告诉来访者关于学校的一切，但VEGA学校身体力行——学生的声音是重要的。确实，VEGA学校看起来"像学校"，至少学生所学的内容看起来如同世界其他各地的孩子们每天在学校被迫学习的内容。VEGA学校的不同之处在于学校真正尝试发展学生重要的软技能，诸如解决复杂问题、批判

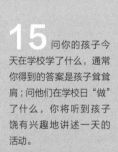

15 问你的孩子今天在学校学了什么，通常你得到的答案是孩子耸耸肩；问他们在学校日"做"了什么，你将听到孩子饶有兴趣地讲述一天的活动。

VEGA的艺术课。

16 VEGA学校的学生将能够解决问题、沟通、反思、有好奇心和创造力、会表达、会分析、能够自我评估以及有效合作。

VEGA学校，行动中的学习社区。

性思维以及诸如情商和共情等辅助技能。他们也明白学生学习的内容都是为了构建技能。

　　看到VEGA学校用来描述他们自己哲学的词语，我们感到很有意思，因为这些词语跟这本书的根本论点一致。用他们自己的话说："你将为这个小实验感到惊奇！问你的孩子今天在学校学了什么，通常你得到的答案是孩子耸耸肩；问他们在学校日'做'了什么，你将听到孩子饶有兴趣地讲述一天的活动。世界顶级的学校都知道孩子们不是到学校学习，他们到学校是因为和朋友们开心地做有趣的活动。VEGA学校的课程认真地考虑这一点，并利用全球各所学校最好的实践把学习和孩子们爱做的事情交织在一起。因此，VEGA学校的学生将能够解决问题、沟通、反思、有好奇心和创造力、会表达、会分析、能够自我评估以及有效合作。成功培育了信心，进而帮助孩子

17 河畔学校是教育领域远见卓识者基兰·比尔·赛斯在艾哈迈达巴德建立的一所小型学校。一开始赛斯在河畔小学小规模地实验"为了改变而设计"这一创举。现在，这个创举已经在60多个国家，对220万名孩子和65000名老师的人生产生了积极的影响。

们发展人生的技能。"[1]

VEGA学校是桑迪·胡达独创的点子，"其人生使命是通过研究我们'为何'学习以及我们'如何'学习来改革教育，这样，学校教育、热爱学习以及人生的成功之间完美和谐。"[2]

我能行：河畔校园的故事

——基兰·比尔·赛斯与领导力的重要性

巴拉克·奥巴马把"是的，我们能行"作为口号，而口号的主体，**"我能行"** 运动已经轰动了教育界，让全世界成千上万的学生有能力做最好的自己。"我能行"运动与先前的教育模型决然分开，在先前的模型里，孩子们只能循

---

[1] 《浸入式学习》，VEGA学校。 https://www.vega.edu.in/immersive-learning

[2] https://www.vega.edu.in/board-and-mentors

规蹈矩，而"我能行"运动让每位孩子发出声音，发挥自己的热情，并引导这样的热情在世界做出积极的改变。河畔校园是印度艾哈迈达巴德的一所小型学校，一开始在这所学校做的小实验，如今已经在60多个国家对220万个孩子和65000名老师的人生产生了积极的影响。

一切从2001年开始，那时基兰·比尔·赛斯作为一名家长观察儿子的学习体验之后，意识到教育没起什么作用！她不仅为教育剥夺了孩子的声音和创造力感到吃惊，并且为教育对家长行为的影响感到悲伤。

基兰没有教育工作者的经验，她作为室内设计师接受的训练成了精心塑造新的教育模型的基础；她由此创立河畔学校，赋予这个新的教育模型生命。因为是教育界的外行人，而且也不关心教育的利益，所以，基兰从孩子的角度思考学校的教育。孩子表面上"受教育"，但教育机构似乎完全没有为孩子的幸福着想。她没有从全国所谓"成功的"学校寻找线索，相反，基兰决定走自己的路。她决定河畔学校建立在以下三个基本价值观之上，继而成为学

18 在河畔学校，不管孩子年纪多小，声音都能被听到。

19 河畔校园的设计
令人感到温暖、宾至如归，
不像多数教学楼那样令人
畏惧且机构化。

校教学模型的奠基石。

1. 人性化

2. 情感共鸣

3. 有道德

河畔学校把这些人文主义理想和三个设计思维的信条（即灵感、构想与实施）结合起来。[①]河畔学校把"我能行"运动作为驱动力，这项运动后来也变成国家和全球的运动。"我能行"运动是"为了改变而设计"这一创举的衍生物，基兰·比尔·赛斯于2009年开始这项创举，

> 一开始在这所学校做的小实验，如今已经在60多个国家对220万个孩子和65000名老师的人生产生了积极的影响。

把所有的想法和原则都聚集起来，让大家易于接受并使用。

如同基兰对河畔学校的创立和管理，拥护"我能行"运动的孩子们倡导每一项努力以"谁"和"为什么"开始，这引导他们思考"是什么"以及"如何做"，进而为社会和社区问题寻找解决方案。传统学校课程几乎都是"是什么"和"如何做"，"我能行"运动截然不同。"我能行"运动"基于一个简单但具有革命性的模型。它让孩子们感受困扰他们的问题，想象一个能够让问题纾解的方法，做出改变的行动，然后和世界分享他们改变的故事"[②]。

感受、想象、行动以及分享。四个简单的词语却变成世界上最强有力的课程之一：它们能够教授孩子们所需的内容和技能，让他们成长为自信、负责任、有创造力、对社会有所贡献的人。当孩子们被自己的兴趣和热情激励，并为改善世界的崇高理想所驱动，他们自然会卓尔不群。成为卓越的人并非以某个成就而终止，追求卓越是一个鼓励革命性思考的**成长型思维模式**[③]。

多数父母的心里显然有这样的疑问，即使那些完全赞成河畔学校教育模型的父母，也会顾虑衡量学生表现的传统方式，比如考试成绩和被大学录取。因为他们理解真正学习的实质——理查德·埃尔莫尔教授在本书的第二部分有理有据地阐述了真正学习的实质——即使涉及衡量学业成就的传统方法，河畔校园也一直都是印度极少数最成功学校之一。如同我们在整本书强调的，

---

① T. 布朗，《设计思维》，哈佛商业评论. 2008。

② Asia Game Changer Awards. https://asiasociety.org/asia-game-changers/kiran-bir-sethi

③ 《思维模式：全新的成功心理学》，作者卡罗尔·S. 德韦克，Ballantine Books出版。

20 户外学习是河畔学校课程的一个关键构成。

当学生真正参与自然、切实有益的学习活动时，真正、真实、深入的学习更可能产生。所以河畔学校是践行该原则的一个完美例子。

2010年，基兰凭借她作为教育工作者出色的表现，在TED做了一个鼓舞人心的演讲。[①]她还获得炙手可热的设计提升生活奖（*Design to Improve Life Award*）、洛克菲勒基金会年轻人创新奖、芝加哥全球事务委员会颁发的帕特丽夏·布兰特·科尔代克学术奖金，亚洲创变者奖，以及优秀教育领导奖。这些奖项并没有完全呈现她的所有成就和国际知名度。多数人会为基兰的简历叹为观止，但对基兰而言，这只是她为了孩子们做出下一次冒险的跳板。"在2018年6月9日，她与梵蒂冈的教皇会晤并签订一个协议，'为了改变而设计'（DFC）这一创举现在被引入全球460000所天主教学校"[②]，并且基兰于

---

① 《让孩子为自己负责》，TED演讲，2010。
https://www.ted.com/talks/kiran_bir_sethi_teaches_kids_to_take_charge? language=en

② 演讲者档案，世界政府峰会，阿联酋迪拜。

21 基兰·比尔·赛斯和方济各教皇

2019年在罗马为来自100个国家的4000名儿童组织了一次"我能行"全球峰会。

　　这则关于基兰·比尔·赛斯和河畔学校的故事寓意显然是领导力在推动真正、持之以恒的教育改变中的重要性。当然，我们意识到不是所有人都能成为基兰，但是我们每个人都能为"我能行"运动添加自己的故事，就像成千上万名先前不为人所见的孩子已经参加将近十年这样的运动。我们所有人都想看到教育实现它的承诺、成为公平的竞技场，这样每位孩子在人生中有真正成功的机会，那么让我们向基兰学习，成为改变的行动者，先是投身其中，成为改变代言人，接着慢慢拓展我们的影响范围，在世界上留下一个积极印记。

PART II

学习和设计的挑战

理查德·F. 埃尔莫尔，哈佛大学荣誉退休教授

第二部分

11

设计未来的学习环境，让学校建筑提升教学成效

CHAPTER

"

学习机构是这样的地方，人们来这里不断拓展他们的能力，从而创造他们真正渴望的结果，在这里新的、拓展的思维方式得以滋养，在这里集体的期望得以释放，在这里人们不断学会一起看到事物的全貌。

——森奇（Senge），1990—2006

假设有人请我们设计一个让成人和年轻人训练并发展他们学习能力的机构——没有什么事情比这个更复杂。换言之，假设有人请我们设计一个学习机构，又假设在这个学习机构中，大家看到健康、投入的学习者应有的样子，那么，这个机构将与它的环境密切关联，它能够持续调整、与周围的环境呼应，而且在与环境的互动中，它能够灵活调整内部结构和运行的过程，使之与学习内容相匹配。也就是说这个学习机构看起来，而且运行起来像一个高度进化的学习有机体，它不断调整、改变来回应集体对它的期待以及它作为学习者的能力。

"
如果把学校作为指定的学习环境，所谓真正的"学习机构"，将会怎样？

本书的一个主要前提是我们学习的实体环境应该反映我们对学习的期待和想法。然而，新知识不断出现，并且由于日常工作的实际需求，我们

> 　　它们将不再是这样的地方，即根据过去的实践设计可预知的活动，让成人和孩子参与；相反，学校将成为真正定义并开展学习的地方，并且学校本身就是不断学习的结果，这些学习包括研究、体验、观察、期待。

　　的学习实践也不断调整，因此如何开展学习的想法也随之发生变化。在理想的世界里，关于学习应该是什么样的，学校及其体系将成为社会各界的榜样。在真实的世界中，学校经常向世人展示的却是过时的学习模式。如果把学校作为指定的学习环境，所谓真正的"学习机构"，将会怎样？它们将不再是这样的地方，即根据过去的实践设计可预知的活动，让成人和孩子参与；相反，学校将成为真正定义并开展学习的地方，并且学校本身就是不断学习的结果，这些学习包括研究、体验、观察、期待，而且可能的话，还包括思考：思考我们是否有足够的抱负来理解作为人类活动的学习。

　　在这一章节，首先我将请读者思考五项提议，即把学校和许多其他的学习环境当成学习机构意味着什么。然后我将通过一个框架分析学习产生的一系列方式，以及这些学习方式下的结构和过程。最后，我将阐释一套初步设计的原则，这些原则是从当前对学习的研究总结出来的，有助于建筑方面的实践及管理学习机构。最后我在结语提出设计未来的学习环境时将面临的挑战。

五项提议

　　明确地说，本章谈及的"学习"指人类在实证、经验和反思面前有意识地修正观念、理解力及行动的能力。本章后面的论述是在此定义上的拓展。根据这个定义，我们观察到人类出于进化、生理和实际的需求追求学习。而

"设计"意味着有意使用文化、行为和实体的形式与结构来实现个体和集体的期望。学习是人类进化和生存的核心。设计是人类有意创造各种学习方式和模式的途径。

关于学习和设计的五项提议

1. 理解并领会学校现有的设计如何反映当前和过去的学习理论。

学校的日常工作不一定有助于反思机构的设计。人们倾向于学会适应他们被给予的结构与过程，顶多在实践中做一些小调整来容纳个体的差异和偏好。对多数教育工作者而言，学习空间的设计不是有意为之的结果，而是"被给予"，犹如鱼缸里的水能让鱼潜游其中。

事实上，学校现有的设计不管有意为之与否，都是在几十年的日常工作中积累起来的成千上万项选择的残余。比如，教室的结构为何是单一的房间，这里体现的理论是学习应该在某个实际场地开展，然后由一位成人在一个时间段里督导一群学生。沿着过道设立一排排教室是为了在上学期间，通过可预知的方式管理和控制学生的活动——这明确体现了在一个实体环境里进行监护和控制的理论。是否专门给成人工作空间，从个体或集体的角度来看，体现了成人之间如何互动、在教学方面的沟通、指导学生学业。老师多大程度"拥有"教课的空间，并把这些空间当成个人财产，这体现了一套关于公共空间私用的复杂协议。把行政部门分隔在专用空间，这又体现了直接接触学生与督导教学工作的分工理论——这样的隔离在空间及文化上把学习和行政分开。教室空间的实际布局，以及教室之间对空间的不同使用，展示了成人如何思考学习以及整个机构如何对待个体和集体的学习理论。事实上，学校设计的这些潜在理论可能在学校工作者无意识的迷雾之中渐行渐远，但它们却可能是我们定义

> 学习指人类在实证、经验和反思面前有意识地修正观念、理解力及行动的能力。

1 环境的结构限制、塑造并体现在其中开展的学习的定义。比如，草地鹨学校餐厅的梯形席座让这个空间具备展示和表演的双重功能。不像多数学校餐厅，一般是学生吃午饭时才使用，这样的空间可以在整个学校日都利用起来，开展小组学习、创造性项目以及自主学习。

弗雷德·J.福尔麦斯特摄影。

并实施学习的强大决定因素。

　　如何理解学习和设计之间的关系？第一步是把大家熟悉的机构和实践形式当成默认的学习理论。我们熟知的教学机构和实践之所以存在是因为在某个时间点有支撑它们的学习理论。一个可以容纳任何学习理论的实体和文化空间，这种中立的学习环境是不存在的。事实是人们熟悉的环境不一定是最

2 将这张图与图11-3展示的传统教室对比。这个空间的设计师显然对监护和掌控抱有不同的哲学理念。

南卡罗莱纳格林维尔，费舍STEAM中学的学习社区。

克里斯·德克/烈酒摄影工作室摄影。

适宜的学习环境。不是所有的学习理论都可以调整来适应所有的实体环境，反之亦然。环境的结构限制、塑造并体现在其中开展的学习的定义。

2. 有意设计学习环境需要转变学习和学校教育的传统关系。

当教育工作者思考学习和学校教育之间的关系，以及如何运用传统的思

维方式，让对学习最好的设想适
应现有的文化、实体和机构的模
型，一般认为学校教育的"革新"
是在一个现有、固定的机构中改
变教学实践，或顶多在一个固定
的实体机构中做一些小改变来容

纳学习的变化。有意的设计需要从一套原则开始，即通过研究、对实践的反思、
期望以及迫切需要行动的问题发展出来的一种学习理论，然后创造出能够容纳
这些原则的结构和过程。在传统的革新中，学习适应学校教育；在有意的
设计中，学习走在结构和过程前面，引导它们开展学习。（埃尔莫尔 2018和埃
利斯、古德伊尔以及马尔默特，2018a/b）

提出这项提议是一回事，实施又是另一回事。在先进的社会，教育是高
度制度化的领域，这意味着这个领域管理的结构和过程带有一种特定的思维
方式，这个思维方式强调预知及稳定。此外，实体及文化层面对学习的限制
体现了高度制度化的利益——从当地政府的结构到有利益关系的组织、商业
利益，再到强大的政治利益。因此，有意设计需要思维方式的转变：从预知
和稳定转变到周知的选择和调整，从已经构建的形式和程序转变到灵活及回
应，从已经构建的"真理"转变到咨询和提问。

我们将看到，有意设计经常需要大费周折地估量机构特点所支持和践行
的理念的差别。具体而言，从表述上看，学校可能被当成学习的理想场所，
而事实上，它们主要的社会功能可能是分配社会特权。

3. 多种学习方式需要多种实践方式和多种机构模式。

学习是基本的人类活动，不管对个体还是集体而言，都会以许多方式在
社会中自然开展（国家研究委员会，2000）。另一方面，学校教育是指到某个
机构接受特定的、机制化的学习，每个机构在结构和程序上都有自己的首要

> 尽管我们付出最大的努力，我们最好的想法能否在不同的语境中产生高度不同的结果，取决于能力、偏好和境况，以及在这些因素之下人们的切实尝试。与此同时，关于学习的神经科学研究让我们意识到个体学习存在差异性，以统一的标准应对这些差异不会出现我们期待的结果。

之事。人类通过进化和实践体现了多种学习方式，有些学习方式被正式的机构容纳，其他学习方式需要流动性更强、分布较松散的互动模式。

学习环境的有意设计需要理解全部的学习形式，不仅是大家熟悉的、已经构建的形式。强大的设计的关注点是拓展而不是排外，能够容纳人类参与有意学习的全部方式。设计是为了拓展学习而不是容纳学习，开放渠道而不是控制渠道，适应学习形式的差异和偏好而不是限制形式并控制偏好。

这个转变，跟科技或管理实践上的转变一样，更多是关于思维方式的转变。设计的思维方式对于组织学习有不同的、更宽广的诠释，并且可以深层次地理解人类学习能力的广泛程度，创造机会让大家在一个更广阔、更多样的人类环境中学习。

4. 我们对学习的认知正发生改变，同样，关于如何组织学习的想法也在改变；不同的语境需要对共同的问题提供不同的解决方案。

学校教育"革新"的传统想法体现了"实施"的思维方式，即关于学习的新想法体现在某一套实践中，而这些实践在学校和教室里实施。实施要求忠于最初的实践以及"成功的"革新，同时可以"按规模"实施这样的观念。好的革新可以在多种场地、不同的社会及文化语境中复制。

随着我们对学习认知的增长，实施的思维方式变得越来越没用。尽管我们付出最大的努力，我们最好的想法能否在不同的语境中产生高度不同的结

3 我们熟悉这样的教室空间并对此习以为常，所以不会觉得它们不是学习的好环境。

果，取决于能力、偏好和境况，以及在这些因素之下人们的切实尝试。与此同时，关于学习的神经科学研究让我们意识到个体学习存在差异性，以统一的标准应对这些差异不会出现我们期待的结果。我们正经历这样的一个阶段，在个人层面上关于学习的基本科学以快速的节奏发展，而我们对个体之间差异性的理解以及他们学习所在语境的理解也不断增加。对于高度制度化的领域，比如教育，实施的思维方式可能是便利的，但对于学习的思考则越来越显得局限。（霍尼格编，2006）

在这个语境下为学习而开展的设计是为了改变和不确定性，为了相关性并适应具体的个体和语境差异，为了问题而不是答案，为了好奇和思考而不是定论和传统的智慧。换言之，这样的设计让我们即使面对知识的改变也能有意地学习，而不是对以往问题实施解决方案。

5. 比喻很重要。

多亏认知心理学家和神经科学家的工作，几十年来我们了解到人类非常依赖比喻来弄懂日常生活以及解决问题中艰难又纠结的现实。（拉科夫和约翰逊1980/2003）比喻有许多功能，其中最重要的一项是在深思熟虑之后它们能够把复杂的问题象征性地简化，并让这样的简化引导理解和行动。比喻式的思考深深扎根于我们的日常用语："那音乐让我飘浮在空中（飘飘欲仙）。""我觉得那个会面让我好似小地毯从我的脚底下拉了出来（不知所措）。""放入垃圾，取出垃圾（无用数据输入，无用数据输出）"等等。比喻有助于缓解这样的过渡，即从一个稳定的、可预知的环境过渡到不太确定的、较难预知的环境，在这样的环境中学习的机会非常多，但安全性却较少。

　　我想为我们当前正在构思和设计的学习的新环境提出一个比喻。这个比喻源自物质的改变。在物理界中，我们体验的固体（放置电脑的桌子）、液体（桌上杯子里的咖啡），还有气体（房间中流通的空气），这些都是物质的不同状态。在日常生活中我们不会对这些差异感到不安，因为它们是可预知的，而且我们不需要花很多时间担心它们是否随机改变——我明早醒来桌子还在那里。

篝火　　　　　　水坑　　　　　洞穴　　生命

4 学习环境的有意设计需要理解全部的学习形式，不仅是大家熟悉的、已经构建的形式。基于教室的学习最适合开展篝火学习，但对于其他学习形式不太适用。

这张图展示了大卫·索恩伯格博士的四种"关于学习的远古比喻"。

> 让比喻稍微转变一下，从一个稳定的水晶体结构到变成事物的不同状态——从稳定的状态到可延展的状态、再到大气化的状态——这样的转变让我们从一个完全不同的角度看待学习。我们能够把学习看成一个出于生活的和进化的需要而自然产生的人类活动。

然而对于物理学家而言，这种稳定、可预知性的世界是无趣的幻象。物理学家见到的世界不断变化，事物的状态一直以各种形式的变化回应所处的状况。通过能量的增加或减少，高度精致的水晶体结构变成无固定形状的液体，再转换成气体。物理世界充满大量诸如此类的转变，每一个转变在形式和性质上都是独特的，每个转变都值得细致地描述和研究，每个过程都导向一组新的问题，让人思考不同转变之间的细微性和差异。

大家可以通过类比的方式思考社会中学习的转变。作为一个高阶的经济社会，我们把学习跟一个像水晶体结构般稳定、持久的机构联系在一起，待在机构里面的人能够理解这个结构，而且这个比喻（我们认为）有助于我们理解世界的某一个部分如何运作，即学习实际上作为个体和社会活动如何进展。但让比喻稍微转变一下，从一个稳定的水晶体结构到变成事物的不同状态——从稳定的状态到可延展的状态、再到大气化的状态——这样的转变让我们从一个完全不同的角度看待学习。我们能够把学习看成一个自然产生的人类活动，出于生活的和进化的需要——能够，而且将——不受限制地通过各种形式开展；如果我们理解这些形式，就可以有意塑造它们来满足人类具体的需求。首先我们可以选择不被某一种事物的状态限制，其次训练人类的控制力及自主权来塑造新的机构形式，从而让学习状态最大程度发生自然变化。

以下将设计一个简单的框架来完成两个目的。这个框架有助于描述大家

学习的模式

等级化的个体

分散的个体

等级化的集体

分散的集体

5 学习的模式

> 在左边的两个四分之一中，学校的权威性有两个重要的来源。第一个来源是各州的权力，强令孩子们受教育——我称之为"监护和控制"。第二个来源是教育机构的权力，从各个层面决定学习的价值以及这样的学习能带来什么奖励。

熟悉的、高度机构化的学习形式，但我也希望这个框架能够让大家反思熟知的学习形式。我认为，要"解冻"机构化学习的水晶体结构，并开始构建相关性强、更灵活流动的机构形式，将熟知的事物陌生化是重要的一步。这个框架另外的一个目的是开始（在这里强调"开始"）关注社会上的其他学习形式，并建议大家如何将它们纳入对未来学习环境设计的思考当中。

四等分框架

先简练，再复杂。四等分表格把一个适度复杂的事物放到一个相对简单的模型中。不过，这么做需要我们先把事物简化，之后再补充。

简单的版本是这样的：你可以把学习的社会机构分成两大层面：（1）按等级组织学习或以分散的、横向的方式来组织学习；（2）我们在多大程度上把学习作为首要的个体活动，还是把学习当成更集体、社交的活动。**等级**在这个模型中有两层含义：学习被当成拥有知识的人把知识传递给没有知识的人；它也诠释了组织学习的形式，体现有知识的人和没有知识的人（至少尚未有）之间地位和权威的差别。**分散**在这个模型中意指知识不局限于任何一个地方或机构。相反，知识可以通过各种不同的形式和不同的资源获得，有一些通过人与人之间的互动获得，有一些通过各种社会工艺获得。**个体**，在这个模式中关注的是个体的动机、行动和选择作为学习的决定性因素。**集体**，关注的是学习作为各种社交互动产生的活动。

四等分框架的每个四分之一具有一种"理想型"特征，即描述作为重要

等级的	分散的

个体

等级的 · 个体
- 关于学习内容在社会上达成一致
- 体现在对课文、标准和课业的考核
- 对个体的学习评估基于通用度量，与标准相关，与他人对比
- 通过表现和成就来定义"优势"
- 个人选择的结果由个人自己负责

分散的 · 个体
- 学习是人类生而必做之事，不管是否有正式的教学和学校教育
- 完全由个体决定什么类型的学习对他们最重要
- 根据他们自己的需求、能力和兴趣
- 学习资源广泛分布在社会中，并且资源之间的界限可以跨越
- 学习的目标由个体决定；集体无法决定什么样的学习对个体是"好的"

集体

等级的 · 集体
- 机构体现社会集体的目标
- 决定学什么内容体现在这些机构的规章、结构和程序当中
- 在学校学习的主要功能是让个体熟知一些共同的内容和社会标准
- 社会通过有组织的学习，让个体练习集体责任

分散的 · 集体
- 学习作为一个社会化的过程，包含社区达成一致，通过联网组织
- 个体随着时间的进展选择他们想加入的社区
- 根据他们的需求、能力和兴趣
- 社会通过联网提升学习

6 学习框架的模式

特征的一个例子。左上方的四分之一可以当成典型的综合中学或高中。这样的学校按等级组织，因为它包含了行政与老师、老师与学生之间的传统关系。学校主要强调个体的竞争力，通过传统的标准来衡量学生的课业表现。这里的学习模式基本上是知识的传递：围绕一个课程体系组织信息，通过老师把信息传递给学生，通过吸收（或者没有吸收）变成学生的知识。在这个模型中，通过成就（学分的积累、分数、考试成绩）来判断成功与否。这些因素的累积就被认为体现了社会对"优势"的定义，即受到重视的这些指标积累得越多，就被认为享有"更好"的地位或"受益匪浅"。

> 从左边的四分之一转变到右边的四分之一涉及学习观念的转变：权威机构没有思考学习中知识的价值，而对于学习者来说，学习的价值取决于更广泛的功用和意义。

　　左下方的四分之一比左上方更"进步"。它仍体现成人与学生、行政与老师之间的传统关系，即机构主要通过地位和职位的等级运作，将知识通过一个构建好的结构由成人传递给学生。左上方和左下方这两个四分之一之间独特的区别在于左上方是个体竞争的模式，学校教育的目的在于通过对学业"优秀"的各种衡量来区分学生，而左下方强调的是社会化过程，即从成人的视角定义"好的"社会，让学生了解一套集体社会的标准。这一模型的学习等同于满足成人对课业表现的期待，以及在学生的行为中体现社会价值。这个四分之一的理想类型可能是约翰·杜威的视角，即学校教育为民主的公民权做准备，或者也可能是某个宗教社区成立运营的学校。

　　重要的区分在于左边的两个四分之一体现了社会看待教育的视角，教育社会学家称之为"真正的学校"——有实体环境的机构，成人和孩子参与有目的的、构建好的活动，学习的价值体现在对社会赞成的学术、经济、社会及文化的形式有所贡献。这些价值和形式由老师传递给学生，政府机构或其他组织支持老师的权威性。在这一领域的学习主要通过教学开展，而教学必须基于机构的价值观对学生进行权威性的评判，这些评判被认为体现了社会对优势的定义。

　　在左边的两个四分之一中，学校的权威性有两个重要的来源。第一个来源是各州的权力，强令孩子们受教育——我称之为"监护和控制"。第二个来源是教育机构

> 数码学习空间的标准是：学习形式与参与规则变得灵活，在此驱动下调整学习需求来适应个体的功用和偏好。

> 左边的两个四分之一体现了社会看待教育的视角，教育社会学家称之为"真正的学校"——有实体环境的机构，成人和孩子参与有目的的、构建好的活动，学习的价值体现在对社会赞成的学术、经济、社会及文化的形式有所贡献。

的权力，从各个层面决定学习的价值以及这样的学习能带来什么奖励——我称之为"成就"。这些权威的来源深植于高级社会的社会秩序。比如，多数成年人难以想象孩子们在学校范围之外的"学习"会有收获，尽管事实是人们学到的多数事物并非都是在学校学到的。整个社会难以想象这样的世界，即孩子们在他们主要的成长阶段（大约16000小时）不在社区附近的学校受监护和控制——尽管孩子们多数的成长体验发生在他们入校前或离校后。左边的两个四分之一对社会对于学习的理解产生了巨大的影响和左右。

从左边的四分之一转变到右边的四分之一意味着跨越一个界限；多数关于学习机构的讨论对于这个界限比较陌生，但有实际体验的学习者对此却非常熟悉。当我和教育工作者探讨学习这个议题时，我经常请他们详细描述在过去六个月或一年中最有意义的学习体验。前面几次我这样做时为结果感到吃惊，但现在我能够接受这个占主导地位的模式了。多数成人的回应令人不知所措：他们描述，非常有影响力、常常是转变型的学习体验跟任何正式的机构没什么关系，跟他们自己就读的学校关系更少。他们描述的体验包括人到中年学会一种乐器所需要的身体和认知的转变，照顾年长的父母或某个残疾的兄弟姐妹对他们的身份以及人际沟通的技巧产生深刻影响，做一道陌生的菜肴需要意识的转变，试着练瑜伽等奇特地使自己重新认知身体部位。当我们概括这些讨论时，浮现了两个重要的主题：这些体验是"强大的"，因为它们需要人们就生活中某些有意义的事物练习自主性和控制力；这些体验的个体性很强，包括不在他们日常生活熟悉的常规和关系范围内的选择及价值。

　　从左边的四分之一转变到右边的四分之一涉及学习观念的转变：权威机构没有思考学习中知识的价值，而对于学习者来说，学习的价值取决于更广泛的功用和意义。在这个模型中，当我们说学习是"分散的"而不是等级的，我们的意思

> 多数成人的回应令人不知所措：他们描述，非常有影响力、常常是转变型的学习体验跟任何正式的机构没什么关系，跟他们自己就读的学校关系更少。

是通过重要的方式把所学内容的自主权和掌控力从机构转变到学习者。右上方的四分之一是分散型学习最极致的形式，学习者通过高度个体化的方式决定学习的价值，并通过自己选择的方式来获得知识。学习形式的范围取决于机会与偏好的结合，所有这一切都在学习者的掌控之中——书籍、文章、网络的文章和视频资源、讲座、个人的辅导、随意的小组讨论、同伴之间的关系等等。在这个四分之一中，学习的实际形式不是那么重要，更重要的是针对学习的自主权训练如何选择和判断以及对信息来源的评估。人们容易认为这个四分之一的理想型是书呆子的原型——穿着卫衣，坐在电脑前，避世苦读。事实上，在数码空间的学习成长远远超过了个体驱动的学习成长。数码学习空间的标准是：学习形式与参与规则变得灵活，在此驱动下调整学习需求来适应个体的功用和偏好。如果你在中学代数课上书写二次方程时感到困难，那么现在你不仅可以选择线上学习，不受时间、人事及学校实体空间的限制，而且你还可以选择最能满足你学习需求的平台和形式。再者，这里没有设定好的课程结构告诉你学习一堂微积分是"不合适"的，除非你已经选修并通过一组基础课程。如果你对数学的加速度感兴趣，或者想弄明白如何计算一条曲线下的区域，那么敲敲键盘就可以在某处学到。

　　右下方的四分之一带我们进入分散/集体的世界，这里的学习者自愿形成社区，他们在某些知识领域有共同兴趣，并围绕这些领域构建紧密或松散的关联。在右上方的四分之一，机构采用联网的形式毫无疑问体现在科技方面。

> 联网模式与等级形式的学习最大的区别在于联网可以在共同兴趣的领域容纳不同层面的专业知识，这样参与者之间的知识流动非常流畅并且有效。

在右下方的四分之一，联网作为围绕知识进行社交互动的主要形式处于显著的位置。在枯燥无味的加州中央峡谷农业区，我发现了为青少年和大学本科生组织学习的主要形式，我称之为"星巴克圈"。我一般会在清晨或下午三点左右走进当地一家星巴克，看到几群（大部分是拉美裔）学生围坐一起完成作业（没错，学生实际上会互相帮忙完成作业），学习小组有些松散，但都很投入地学习。我从跟他们的对话当中清楚地了解到，他们认为这种组织学习的形式是一种生存机制，因为他们认为这世界对于他们作为学习者的需求多数时候漠不关心。联成网络的学习社区多样性是无限的，大部分是因为网络结构的灵活性，可以容纳多种兴趣和不同层次的学习。联网模式与等级形式的学习最大的区别在于联网可以在共同兴趣的领域容纳不同层面的专业知识，这样参与者之间的知识流动非常流畅并且有效。人们可以在联网的圈子里找到一些人，这些人对知识的掌握贴近他们各自的发展领域，因此不用专门去找某个资源就能够学到一些有价值的东西。

右下方的四分之一现在是学习和知识在高级研究和发展领域传播的主要形式。多数大学教授、专业人士、研究和发展专家以及企业家在高度网络化的环境中工作，他们的成功取决于他们在不同知识领域和不同专业知识水平之间构建的共同利益。这样的学习需要掌握的技能无法在机构的传统形式中获得。然而，可以通过持续的学习和训练，通过使用和发展自主权及选择，并且通过洞察力和创造力来获得这样的技能。大家只需看看研究型大学实体空间和数码空间的设计就能见到这个学习模型的运作。私人公司的研究实验室与大学实验室紧挨着，围绕交通和沟通中心建立，通过全天候工作的高速的数字环境构建全球链接，数字环境保证在复杂网络的各个节点之间传输信息。

如前所述，任何有章法的模型都折中了学习作为个体和社会活动的复杂性。但这样的章法可以帮助我们理解重要的设计决定。有关设计决定确实影响了人类作为学习者的成长与发展。我所说的设计决定指的是对以下内容的选择，即我们应该选择发展哪种学习模式，以及哪种实体机构从社会及文化层面都能够与所采取的学习形式匹配。我与教育工作者共事的经验是他们倾向于认为任何学习形式都可以适应学校机构的任何标准形式，但证据表明这显然不真实。让我描述一下：现在"混合式学习"成了让科技适应传统教育的一种方式，很受欢迎。混合式学习的倡导者认为这是一个主要的创新。在多数例子中，混合式学习的做法是学生课前、课后参加线上课程，这些课程一般以讲座的形式教授，这样老师在课堂上可以少讲一点内容，多设计一些以讨论为导向的学习。然而，根据学习模式的四等分框架，这一版本的混合式学习不是真正的创新。首先，整个活动都在等级式的结构中开展与习得，而学习者的选择权和自主权，如果他们有这些的话，都处于一个仔细设定的

7 当我们说学习是"分散的"模式而不是等级式模式，我们的意思是对于学习内容的自主性和掌控力通过重要的方式从机构转变到学习者。图为重庆耀中国际学校新中学部的表演区透视图。

场景当中。其次，科技被用来增强等级式的学习模式（知识通过老师传递给学生）；唯一改变的是传播的方式，即从先前的课堂讲座到现在的视频。最后，这种学习模式事实上增强了成人对学生选择的控制，要求学生把他们大部分反思的时间投入到大人掌控的活动中。这些特征可能在等级式的学习环境中显得积极有效，但若在较为宽泛的框架中，即把个体学习者作为学习和发展的中心主体，那么这种学习模式不能算是"革新"。设计的决定对学习产生真正的影响，不管它们增强还是打破现有的形式。我们经常把任何的改变跟学习的改变混淆，而实际上多数的"改变"只是用设计来增强现有的学习模式。

这个框架另外一个有益的贡献是把在社会开展的作为个体和社会活动的学习与现有的高度机构化的学习形式区分开来。未来设计最大的问题将围绕着学校教育与更宽泛、范围进一步拓展、变化性越来越强、回应式的学习领域之间的关系进展。这些问题都不易回答，若要转换成实用的、功能性、启发式的学习实体环境设计就更难了。解答这些问题的一个方式是通过当前对于学习的神经科学研究的视角来看待未来的学习。

学习的未来

学习是这样一种能力，在实证、经验和反思面前有意识地修正观念、理解与行动。

在我们生活的世界，学习大部分由机构和这些机构代表的组织利益定义。然而现今世界，作为人类活动的学习日益逃离机构的限制，而且个人和社会的利益取决于我们是否能够理解多种学习的形式，并通过设计来实现这些形式。对于整个社会而言，学习的未来取决于我们是否能够摆脱机构的限制来理解学习，并想象这样的未来，即为学习作出的设计遵循并提升人类的实际能力。

以上对学习的定义瓦解了很多鱼龙混杂的理论和研究，也抛开了以往关于学习含义的许多争议和不同看法。它反映了关于学习的一种观点，这种观点是行为心理学家和神经科学专家各自思想的融合。

　　若想理解这个定义的意义，我们可以先说什么不是学习。首先，这个定义最有争议的一点是学习不是我们日常所说的记忆。记忆是重要的认知过程，在这个过程中知识和经验被编码、存储起来，供日后使用，但学习和记忆力不是同义词。这个区别有理论和研究的依据，简单地说，记忆指记住并重述以往经历的能力，所以记忆对于切实了解事情而言是非常不可靠的。实际上，记忆不仅储存和提取事实及经验，记忆是最初经验的糅合，夹杂着各种回忆以及与最初经验相关的新信息和体验，还不断被未来的经验修改。记忆对于学习而言有意义，但记忆本身不是学习的可靠代理（沙克特2001，坎德尔2006）。确实，关于记忆和学习的实证研究告诉我们，遗忘在学习过程中扮演富有成效的角色，遗忘让人们停顿下来回顾并理清先前的理解和错误观念，然后在之前和接下来的学习中插入早先的记忆。

　　记忆也不是单一的现象。长期记忆是记忆最不可靠的形式，它跟工作记忆非常不一样，工作记忆还可能及时帮助学习。临床神经学家兼授课教师朱迪·威利斯非常清楚地讲述了记忆如何助力学习。信息如果要通过工作记忆进入长期记忆，它需要在现有的神经网络找一个地方为学习者创造涵义。换言之，信息需要对应先前的知识或经验（不管多么不可靠）才能进入有意识的学习。之后为了让信息可以在将来派上用场，它需要与其他新的信息形式和经验关联，并通过反复实践来重新创造、增强。所有这些需要被解码，并与一些积极的成就和快乐联系起来。威利斯认为，记忆倾向于强调回忆而不是意义，而回忆主要存在于短期记忆中，持续时间非常短（她认为大约20分钟）。

> 记忆是重要的认知过程，在这个过程中知识和经验被编码、存储起来，供日后使用，但学习和记忆力不是同义词。这个区别有理论和研究的依据。

8 咖啡店为高级的学习环境提供了一个模板。咖啡店有各种席座，一般都有无线网络，支持个体学习、和同伴学习、小组学习；咖啡店的声响和采光通常不错，提供食物和饮料，创造了一个积极的气氛和环境。

我采访过的老师经常感到沮丧，他们认为学生记不住已经教过的内容。这不足为奇，因为我观察到多数学习任务不是要求学生在相对短的周期吸收或重复信息，就是"训练"学生在练习册上重现信息。在这些情况中，孩子们正在"学习"的不是实际的内容，而是在重复的周期中断断续续地训练他们的短期记忆。

记忆和学习之间的区分是非常实在的。看看美国课堂上师生之间的互动，学生被要求完成的任务当中60%～70%属于记忆、回想类。这些任务包括老师让学生做一些练习，然后让他们展示这些练习来证明他们是否记得所学内容。对于这种形式，世界各地的学校以及各所学校和每个课堂之间都存在区别，但在美国，课堂学习就是记忆和重复老师或课本告诉学生的内容。

由这一定义产生的另外一个重要区别是学习是一项高度个体化的活动，随着时间推移深受经历和实践的影响。简单的输入/输出或刺激/回应的模型无法解释这个过程的复杂性，因为对于学习者而言，标准的体验不见得可以产生可靠的回应。理解这一点很重要，因为在美国课堂大部分的师生互动都认为每位学生将在同等时间以标准化的方式吸收信息，而对于学生作为学习者的能力，我们惯常如此判断，即根据一个"与年龄相符"的标准模型，让他们在一个标准的时间轴实现具体的学习目标。把学习作为发展型活动的相关研究没有支持这个观点，但学校出于官方的需求要求做到。

最后，不言自明的是这个定义排除了学习等同于把信息从一个人简单地传播给另一个人这样的想法。在接受和处理信息的过程中，学习者是积极的主体，不是消极的存储装置。他们作为学习者的能力主要取决于如何把新的信息和经验积极地融入现有的理解和先前的学习体验。

这个定义也告诉我们学习是什么、不是什么。学习是人的一生中不断积累的发展过程。这一过程的中心是神经可塑性这个概念。结果就是杰出学习者的神经即使到成年、老年阶段仍然持续发展——神经元网络不断增加、修剪、联结并细化，从而变成更有效、强大的模式。这一过程的结果被一些神经学家高雅地称为树冠状，换言之，随着高度专业的认知和有效功能不断细化、整合，从而形成日益稠密的神经网络。这些过程在不同的人生阶段看起来各不相同——脑容量实际上在"修剪"的过程中是减少的——因为我们从青少年到成年，处理各种类型的经验时效率越来越高。通过实践和使用来增

关于记忆和学习的实证研究告诉我们，遗忘在学习过程中扮演富有成效的角色，遗忘让人们停顿下来回顾并理清先前的理解和错误观念，然后在之前和接下来的学习中插入早先的记忆。

> 信息如果要通过工作记忆进入长期记忆，它需要在现有的神经网络找一个地方为学习者创造涵义。换言之，信息需要对应先前的知识或经验（不管多么不可靠）才能进入有意识的学习。

强神经效率，这个根本的过程在人的一生当中都很活跃。从这个意义上说，学习是一项人生实践，人们一生都在选择如何参与这项实践。对实践的培养是学习活动的中心。实践是一项终身的工程。

学习是生理和进化的需求。人类通过参加一些活动进化为学习有机体，这些活动让日益复杂的观念和认知形式得以发展。与其他物种相比，为了生存和发展，人类得克服巨大的身体缺陷。他们主要靠认知和社交技能来补偿身体上的劣势。这样的发展多数是直接经验产生的结果，即通过创造和改变我们的环境以及环境里的事物这样的有意行为产生直接经验。从这种意义上来说，学习不是只有在具体的场景、具体的时间才能发生的事情。学习更多是一个持续的过程，产生于我们选择参加与否的实际需求。

与其他物种相比，人类是特别的，因为他们能够不断调整他们参与和体验环境的方式，意即他们能够为了具体的目的有意引导和管理学习。人类的特别之处还在于他们能够发展有意识的观念并理解自己及其作为人类的身份和能力。大脑中管理这一过程的部分，神经科学家称之为执行功能。高度发展的执行功能是学习者体现高能力的关键标识。我们学会让学习成为创造价值、物质和快乐的方式，这意味着对学习主动的、有意识的追求和掌控能让我们变得更强大。我们学习是因为它给予我们快乐，而我们从学习中体验到的快乐让我们追求更多的学习。

学习是身体和触觉的活动，也是认知的活动。认知是神经科学对于学习的一个主要研究领域，即研究身体延展的生理学和大脑及它的认知功能之间的关系。这项研究的主要发现是，在一些还没完全为人理解的方式中，我们不仅通过大脑"思考"，也通过我们的身体与大脑相互协调来思考。从这个意义上说，"体验"不仅让我们理解日常生活中的观念，也让我们明白有意识地参与并改变我们生活的环境，这个能力如何增强或妨碍我们学习和发展的能力。做和改变事情是我们通过关联心智和身体来"学习"的主要方式。

现在大家应该明白学习是一个更宽泛的活动，需要我们对学习环境做出一个更宽泛的定义，而不仅仅是"去上学"。艾莉森·高普尼克提出一个奇妙、发人深省的比喻来区分木匠与园丁，这个比喻很好地诠释了上述想法（高普尼克，2017）。高普尼克是一位神经科学家，研究孩子们从出生到五岁的学习情况，即孩子们学前这一阶段的学习。这项研究的发现可谓奇妙。高普尼克展示了婴儿及学龄前儿童发展高度复杂观念及认知能力的各种方式，先前我们认为只有成人才具备这样的能力。比如其中一项令人吃惊的发现是孩子们开始发展"心智的理论"——也就是能够把自己的想法和他人的想法区分开来——孩子们十八个月大的时候就能这么做，先前一般认为在较为后期的阶段这样的能力才发展起来。我们没能理解这些重要发展阶段的模式，大部分是因为过去我们太过强调研究对象具备高层次的语言水平这样的研究方法。当你纠正这个偏见，你便会发现奇妙的神经学和认知的复杂性，包括非常小的孩子具备的强大的学习能力，先前这些都被归于成人的特征。

高普尼克使用木匠和园丁这个比喻为人类学习的发展项目构建框架。木匠根据目的和计划构建事物。他们需要加工、改造手头的材料才能制造出一个产品。他们的成果是具体、可触知、可运转的物件。如果这些物件不能运作，木匠可以按照不同的方案改造。而对园丁而言，为了实现目标他们得跟自然合作。他们的任务是通过研究、观察和实践来理解生命有机体如何生长，

学生被要求完成的任务当中60%~70%属于记忆、回想类。这些任务包括老师让学生做一些练习，然后让他们展示这些练习来证明他们是否记得所学内容。

> 与其他物种相比，为了生存和发展，人类得克服巨大的身体缺陷。他们主要靠认知和社交技能来补偿身体上的劣势。

如何适应非常具体的环境的变化。不同的植物、不同的季节、今年与明年之间，园丁的成果都有所不同，这经常取决于植物和环境之间不被完全理解、复杂的互动。

高普尼克通过这个比喻解释孩子们的学习和发展常常被父母和学校这种从计划到构建的模型轻视和妨碍，帮助大家理解婴儿和孩子们作为自我恢复力强、有能力、高度进化的学习有机体在各种环境中的运作，这个比喻也能够教我们如何构建学习者的能力。婴儿和孩子作为学习有机体的核心思想已有漫长的历史——不是高普尼克发明了这个想法。高普尼克研究的新意在于让大家了解当孩子们的学习能力发展时，他们的神经也得以发展，此外这些发展的形式如何与人类作为物种的进化保持一致。

高普尼克尖锐地批评了"家教"手册，这些手册强调孩子发展的抽象模型，还有通过计划到构建来培养成功孩子的观念。她的批评也延展到学校的教学实践，以及高度结构化、基于成绩的学习模型。高普尼克的论点是新兴的学习神经科学的研究与现有的美国教育改革中关于标准、严密和意义的传统信条之间隐约出现分歧。美国人对学校设计从未做过特别严肃的科学探寻，而且学习神经科学知识的增长对美国的学校没什么威胁，因为神经科学家太过忙于做研究，而不能去发展威胁标准教育实践的临床实践模型。然而，学

> 我们学会让学习成为创造价值、物质和快乐的方式，这意味着对学习主动的、有意识的追求和掌控能让我们变得更强大。我们学习是因为它给予我们快乐，而我们从学习中体验到的快乐让我们追求更多的学习。

习神经学领域的这些发现迟早将会引发一些响应或排斥。

这里有一些原则可能引导未来学习环境设计的实验：

人类是学习的有机体

千百年以来的进化，似乎使得人类从生理上就具备学习的能力。从一些基本的意义来说，不需要"教"人类如何学习。他们从一出生就具备学习的能力。到了五六岁，他们已经掌握了两到三个最复杂的认知和情感发展任务——语言的发展，将自己和他人区分开来的能力，以及出于具体的目的掌控他们的环境。成人、护理者以及整体社会的工作是参与、鼓励、支持、发展这种具备充分好奇和谦虚的内在生理驱动力，而不要压制并使之丧失。不管好坏，

9 学习不是简单地把信息从一个人传播给另一个人。在接受和处理信息方面，学习者是积极的主体，而不是消极的储存器。

学习真正的发展——如何在世界上变成有能力、强大的学习者这项复杂的工程——必须由学习者本人来实现。我们可以构建环境支持这个过程，我们可以让那些有能力并且谦虚的人到这些环境中作为强大学习者的榜样，我们可以学会约束监护、掌控和评判的冲动，让学习者自己把好奇心转化为能力。

我们从成就驱动的教育模型吸取了一个主要的教训，即这个模型让人们认为他们不具备管理自己学习的能力，从而让大家失去成为学习者的资格。而要求失败作为成功的条件，并且认为每个人都有能力以不同的方式完成同样的关键任务（这项任务被称为学习）——这样的模型却被认为是没有力量的、缺乏充分的严密性、优点及合理性。这些模型受到质疑是因为它们挑战了既有的特权分配。这一模型的社会成本是巨大的。问题是这些社会成本是否足够重要，从而开启学习环境的设计，让大家多方面思考。知识的基础在增长，创造力存在着，而未来是不确定的。

1. 个体差异是规则，标准化是例外。

对于现有的学习和教育模型而言，让大家接受人类是学习的有机体这一事实并不容易。我们选择围绕19世纪人类发展和能力的模型来组织机构化的学习。学习机构又深受按年龄分级这样的理论保护；尽管有其他评估和实践模式的存在，评估和临床诊治的模型大部分基于心理测量学技术，这些技术假定了一个正常的学生分配；政策要求大家必须上学、服从学校的安排、按年龄分级学习；实体结构模仿监护机构的建筑。这些结构和过程机构化非常严重，所以不会在任何时间期限发生改变，从而与学习的发展保持一致。

在可预见的未来，这一困境的解决方案在于学习机构改变标

> 我们从成就驱动的教育模型吸取了一个主要的教训，即这个模型让人们认为他们不具备管理自己学习的能力，从而让大家失去成为学习者的资格。

10 主动、有意识地追求和把握学习能够让自我变得强大。我们学习是因为学习给我们带来快乐，而我们从学习中体会的快乐让我们追求更多的学习。

准化和易变性的顺序，并且不断增加相关"证据"。起初的设计将从摒弃这样的推断开始，即个体——孩子和成人——由于各种不同的发展和经历，他们学习的起点各自不同。我们或许可以创造一个学习的共同文化，即在一个共同致力于学习的文化中构建个体的差异，但需要把每位学习者当成人类发展的项目，而不是把孩子们当成可预知的、按年龄分级的代表。

2. 知识是信息、影响、认知和娴熟技艺的总和。

已故的阿尔伯特·尚克，他的一生都是有影响力的教师代言人。他喜欢说："我教了内容，但学生没学到。定义这个句子里面的'教'。"尚克的观察体现了成就驱动的学习的根本问题之一。成就驱动的学习模型奖励学分的累积和基于记忆的表现，而不是较为复杂的神经学技能，诸如自我组织、好奇心、执行能力及娴熟技艺。我共事的老师平时常用"信息"这个词，似乎信息就是教学对象，比如他们会说"在我开始讲下一个话题之前，我们只有这些时间把信息过一遍。"大家潜意识都会说"信息"这个词，说明我们认为学习是一个吸收互不关联的信息的过程，而学生如同具有各种吸收能力的海绵，"最好的"学生是那些按要求吸收最快并能够复述老师所传授信息的人。

事实上，强大学习者的吸收能力一般高度多样化，取决于他们对所学知识感兴趣的程度，知识领域如何跟他们先前作为学习者的经历匹配，以及他们如何使用先前所学的技能来解决学习新知识时遇到的困惑。高校大学部教职员工普遍抱怨（而且，我证明，研究生老师也如此）他们的学生似乎没有掌握高中时期的预备课程。25%~75%的学生完成了高中"从A到G"的课程要求，被加州高等教育机构录取后却得修习无学分的补救课程来纠正他们先前必须在高中掌握的知识。（加州立法分析，2017年3月）精英大学的老师开始

已故的阿尔伯特·尚克，他的一生都是有影响力的教师代言人。他喜欢说："我教了内容，但学生没学到。定义这个句子里面的'教'。"尚克的观察体现了成就驱动的学习的根本问题之一。

11 像园丁而不是木匠那样教学。图为印度艾哈迈达巴德的河畔学校。

12 可能的话，在个体差异的基础上创造一个学习的共同文化，把每位学习者当成人类发展的项目，而不是把孩子们当成可预知的按年龄分级的代表。

要求在大学预修课程测试中获得高分的学生——这些测试本来可以转换成大学学分——学校接受他们的成绩之前，还需要参加学科基本课程的入学考试。显然，修完指定的课程与娴熟地掌握内容，这两者是有区别的。成就模式认为"好的"学生也能够在一系列广泛的领域中获得知识，但大部分的年轻人似乎并非如此。

我们现在逐渐了解技艺娴熟、学有所成的学习者，他们的学习理念不同于过度关注课程内容以及成就模型的信息传递。他们倾向于遵循自己的兴趣，而且经常非常着迷，连教育工作者都觉得有点可怕。他们擅长遵循各种层面的线索探寻某个知识领域的复杂性。在正在学习的知识领域，他们发展启发式的思维来决定什么是相关的、有趣的以及有用的信息。他们培养自己的能力将新的信息与现有的知识关联。最重要的是，他们对自己所学的知识抱有很大的热情。换言之，当学习者有效地参与并主动在某一给定的领域获取娴熟技艺，这时信息变成知识。没人会在他们排斥的领域成为技艺娴熟的学习

> 你无需了解大脑化学也可以知道有高度动力、技艺娴熟的学习者往往是那些能够有意识地掌控现有学习环境的人，而且对他们而言探索下一件事的乐趣是他们动力的主要来源。

者。如同没有在剧本中担纲创造性角色，没人能够在这种情况下成为技艺娴熟的学习者。

这个模型的一个版本可以描述为大脑化学—— 一些荷尔蒙和神经传导器由于参加某些活动受到激发，从而引导了认知能力的参与和复杂的神经元的发展，这些都有助于获取并处理某一指定领域的信息。（达马西奥 2010，67–94）你无需了解大脑化学也可以知道有高度动力、技艺娴熟的学习者往往是那些能够有意识地掌控现有学习环境的人，而且对他们而言探索下一件事的乐趣是他们动力的主要来源。

知识覆盖面的深度和持续性

黛博拉·布里兹曼是一位睿智的精神治疗医师，她把上学的经历描述为"一些确定性的雪崩"，对遗忘已久的问题产生海啸般的答案（布里兹曼2009）。我想起在高中化学课上，老师正在讲波义耳定律——在常温下气体的压力和体积彼此逆转——然后我心想，"波义尔是如何弄明白这个定律的？"其他比较自律的学生尽职地在笔记本上记下公式和老师的解释。这个故事很有趣：一位17世纪业余科学家为何会对一个问题产生困惑，很少有人对此提出问题，因为这会被认为干扰了科学课老师上课，老师的教学进度已经晚了教学大纲一周。多数学校的科学课程，"需要记住的内容"与科学如何产生或科学家实际上做了什么没有太大关系。我当学生的时候，"高级"科学课学得还不错，但我对答案没什么动力，因为得到答案之前似乎没什么人提问。我花了150个小时观察、记录、分析初中和高中的数学及科学课堂，了解到的情况跟我自己在学校时的情形一致。
更重要的是，这些情况与美国课
堂汇总的数据一致，也跟我听课
观察到的情况一致。当然，也有
例外——有一些引人注目的例子
关涉科学家实际上如何工作、数

> 我为何要花时间在日益令人
> 费解且枯燥的数学课上，等到27
> 岁才发现数学是一门可以用来发
> 现和描述整个世界的语言？

学家实际上做什么。例外情形虽然比例非常小，但它们实际上涉及规则。对
大量课堂样例的细致观察证实不同课堂的认知水平挑战差异巨大，而学生分
配是导致缺乏挑战性这一结果的显著因素（希尔、布拉扎尔和林奇，2015）。

　　我自己也是通过授课型的方式学数学。数学不是我喜爱的科目，应该说
是我最不喜欢的科目。大一后的每次数学课总是我最后选的一门课。但我非
常热衷成就，所以我从本科到研究生一直都选修数学课，因为这么做让我成
为优秀群体的一部分，认为自己值得更高的地位。有一天，那时我27岁，在
哈佛的研究生院念书，刚刚听完一场计量经济学的讲座，那个讲座的话题我
完全不知所云，现在都回想不起来，当时我走近哈佛广场附近那些相当复杂
的交通岔路口。看着司机驾车在交叉路口仔细穿梭，我仿佛被电击中般萌发
出这样的想法"到处都是数学"。我意识到事实上自己能够使用数学语言构建
一个模型来描述见到的情景。一些年后，我突然间又有所洞见：我为何要花
时间在日益令人费解且枯燥的数学课上，等到27岁才发现数学是一门可以用
来发现和描述整个世界的语言？我学过的数学几乎都退入一场看不清的大雾，
留下来的是无所畏惧的意向，即通过一系列的框架来看世界，其中一个框架
就是数学这门语言。我本该在小学，这个与高阶学习完全不同的环境就了解
这个意向。在我的学生时代，数学不过是优胜劣汰的一种方式，而不是探索
和理解世界的语言。

　　我们令人惶惑的学习，即上课、成绩报告单、考试、获取学位，已经带
领我们远离神经科学的一个核心领悟——人类通过学会多种"代码"或象征

性的语言来发展和构建他们的能力，从而感知和理解世界。我们通过接触和实践来做这件事，但如同我自身的例子证明的，只是接触一系列广泛的语言并不意味着我们学会了如何运用语言来理解世界。从这个意义上来说，成就模型对内容覆盖面不合理的强调削减了在任何有用的领域构建能力和技艺这一更根本的任务。我们一生都在学习。若想通过特殊、有用的方式来看待世界，唯有通过深度学习和实践才能学到，而不是匆忙过一遍教学大纲。假如在我五六岁的时候，有人给我一个剪贴板、一支铅笔和一张纸，让我到外面

13 我们一生都在学习。若想通过特殊、有用的方式来看待世界，唯有通过深度学习和实践才能学到，而不是匆忙过一遍教学大纲。

计算某些对我有意义的东西，然后解释我的所见所闻及其意义，那么我应该会更投入地学数学并有可能成为数学家。因此，在这个高度机构化的世界，美国共同核心课程标准指定孩子

> 若想通过特殊、有用的方式来看待世界，唯有通过深度学习和实践才能学到。

们应该在九岁就能掌握二十种不相关联的数学能力实在太勉为其难了。

学习与设计：难题与机遇

不确定性的积极探索始于难题而不是清晰的答案。我们正进入这样一个时期，不管好坏，在社会上学习的意义和实践将被转变。通过数码文化接触信息来实现民主化，虽然存在问题，但将不再受限于现有的机构。精灵已经飘出魔瓶。现在每个人敲敲键盘都能接触任何知识领域的专家，因此通过已有的机构来垄断学习不会长久。学习是终生的项目，其中某个阶段的失败在后面也将得以转变，而且在一代人中创造性的人生需要的知识和技能也会多

14 当学习开始从机构迁移到更广阔的世界，我们面临的挑战以及承诺将是实体环境的创建——把这些环境创建为年轻人想待的地方，而不是他们被要求待的地方。

图为德克萨斯州圣安东尼奥，安妮·弗兰克启发学院。

次发生变化，那么在这样的世界里，传统成就模型授予证书这一严格分野将无法生存。这些戏剧性的改变让人想起了一句民间戏语："愿你生活在有趣的时代。"未来确实有趣，但也激动人心、前途光明。

> 如果学习的目标是培养学习实践，而不是积累信息和运算法则，那么正式的学习在人生各个阶段看起来将会怎样？

那么通过学习的视角，有一些难题可能将来我们讨论学习环境设计项目时会碰到：

1. 人类如何适应学习实践的改变？

如果学习是积极创造、修剪、努力发展及巩固神经网络，那么未来学习的实践将会怎样？如果对事实和信息、运算法则和模型的"记忆"只需在数码云端敲敲键盘就能实现，那么学习的实践将如何改变？如果学习的目标是培养学习实践，而不是积累信息和运算法则，那么正式的学习在人生各个阶段看起来将会怎样？

这些问题的一个明显隐含义是对学习环境实体和文化上的设计应该能够持续容纳学习实践的新兴知识和见解。重复先前提及的主题，设计师和学习者的项目是让熟悉变得陌生，质疑建立的结构和学习实践如何影响、预设、限制人类的潜能，以及设计如何激发人类蕴藏的能力，即：实体空间作为学习者思考和观察的场地；反思个体学习者的意向和能力；让学习者在不同的层面和轨道操作；让学习者在实践中相互学习、彼此辅导。

2. 学习实践和学习环境的设计如何适应专业知识的大众化？

不管大家作何感想，关于维基百科的生存与普及性的辩论已经结束；现在的争论围绕着如何维持、督导和提升媒介，使之成为自我组织的学习环境。关于新兴的自我组织学习网络的重要性，维基百科只是成千上万的例子之一。

15 构建人类全方位的学习环境是学习者给实用的实体设计带来的挑战，这些挑战难以应对，并且它们不易受简单的惯例影响。

图为学校的入口和中心，南卡罗来纳州格林维尔，费舍尔STEAM中学。/克里斯·德克/烈酒摄影工作室摄影

如果你是一位中学生的家长，你家孩子努力写着某个二次方程式，到了最后关头，线上可以有几十位老师供你选择帮助纠正学校数学老师的局限性。问题不再是除了机构内的学习是否还有其他选择，现在的问题是如何操作并利用这些选择，以及接触这些选择的时候如何纠正无法避免的社会不公。接下来的十年期间，在某些时段，社会将开始质疑让一群孩子处于一个封闭的空间，由一位成人主宰某个学科领域的学习内容，这样是发展每位孩子学习能力切实可行的方法吗？

如先前提及，把学习环境从牢固的水晶体结构和基于狭隘的成就驱动学习模式，转变为流动性更强、灵活的结构，从而更好地适应个体的差异，然后再追随在社会实际存在的专业知识的网络关系，这将是未来十年设计面临的核心挑战。至少，学习环境将要求更灵活且具有渗透性的实体和文化边界来容纳信息与人。

3. 社会将如何消除机构化的学习来实现并履行对儿童和青少年的关照与责任？

当前，社会关于教育所履行的关照和社会职责这一问题的答案相对直接：我们从法律上要求儿童和青少年要花大概16000小时（更多一些如17000到18000小时，包括家庭作业和考试准备）待在某个单一的场地，受被指派的、具有资质的成人（并非完美地）监护和掌控。在这一安排之下蕴含着一个没有完美实现的假想，即对孩子们的时间和生活如此大量的控制滋养着他们认知和情感的发展。具有权威性的成就型结构在社会具有特权和优势，这个结构使得监护和掌控的有效垄断合法化。随着学习开始逃离这个结构的界限，它的社会权威性有可能开始消退。

未来学习环境设计的一个中心问题——这个问题也值得付出很多思考和创意——是如何保持人类关系和互动的重要元素，这些元素对于培养有能力和成就的学习者至关重要。一个显然令人感到任务艰巨的回应是学习环境必

16 图为南卡罗来纳格林维尔，费舍尔 STEAM中学的外部环境 /克里斯·德克/烈酒摄影
工作室摄影

须是年轻人想待的地方——吸引人的、有所回应、能够调整、舒服的空间，
待在空间里的人，跟他们的委托人一样热情与好奇。关于如何设计这些环境
我们知道很多；显然我们了解不多的是如何把投资在机构化学习的巨大资本
导向创建这样的空间。当学习开始从机构移向更广阔的世界，我们面临的
挑战与承诺是如何把实体环境创造为年轻人想待的地方而不是被要求待的
地方。

4. 学习环境如何适应个体化挑战?

学习的神经科学和学习的社会大众化都指向同一方向：学习的形式、内容和实践日益适应学习者的个体差异。从理论上来说，机构化学习的标志是平等，通过对优势客观衡量的成就结构来定义学习，让大家学习指定的内容。大家一直努力让这个结构回应个体差异，意图很好，但效果并不理想。我们越了解学习，一方面是个体在学习实践中的成长与发展，另一方面是社会创造必要、具有创造力的社会和经济，越是从这两个方面考虑，这个结构越没有意义。如果一个社会结构建立在必然失败的基础上，并且让大部分年轻人处于结构的从属地位，那么用这样的结构来解决社会问题越来越不可行。

构建人类全方位的学习环境是学习者给实用的实体设计带来的挑战，这些挑战难以应对，并且它们不易受简单的惯例影响。它们将要求创建一个深刻好奇的文化，并探寻人类作为学习有机体的能力；这个文化的特征是对于人类作为学习有机体所具备的丰富性、多样性及富有资源而感到惊喜；这个文化不总是区分个体价值的多少，而是投入培养个体的兴趣和能力——因此是园丁而不是木匠的文化。学习的实体场景将能够适应以下情况：比如，当学习者已经掌握并超出科任老师的知识和能力，这将会发生什么；当一位学习者发现自己对某一领域有浓厚的兴趣，但没有先前的知识准备，这将会发生什么；当学习跳出传统内容领域的界限并挑战传统课程，这将会发生什么；当一位学习者在某个神经学领域有严重的身体局限，但被发现有非同寻常的能力，而（但愿不会如此）当另外一个有能力和高度动力的学习者变成倦怠且似乎毫无动力的学习者，这时该怎么办？以上只是列出无限的学习挑战中的一些可能性，这帮助我们理解关于学习高度机构化的定义为何有吸引力——它们让工作变得简单多了。关于神经科学和学习的问题你也可以这样理解——充满机遇，充满能量。

致谢
ACKNOWLEDGEMENTS

普拉卡什·奈尔

这本书的出版给了我一个机会，让我回顾自己不可思议的人生旅程，以及感谢所有美好的人使之成为可能。

这是我的一张照片（我站在右边），那时我十岁，和我弟弟迪帕克正要去印度赛康德拉巴德的圣帕特里克高中上学。圣帕特里克是一所典型的天主教学校，中产阶层家庭的孩子都来这里念书，学校把70名学生挤进500平方英尺大的教室，老师喜欢体罚学生。教学受到的关注不多，作为学习者，我们基本上自己照顾自己，不过现在回想起来，这对我们而言也许是最好的事情。

在学校笃定的友谊，有爱的家庭，放学后的活动——诸如和朋友散步、玩耍、打板球、爬树、游泳、偶尔看詹姆斯·邦德的电影，当然还有听甲壳虫的音乐，在漫长、炎热的夏日里读我能拿到的每本书，所有这些记忆拼贴起来让我的童年成为真正特别的时光。

我的人生最明显的"主题"是生命中遇见的人，还有就是谦卑地意识到我们中的任何人还没做出什么成就足以宣称是"靠自己成功的"。我学手艺时注意听父亲讲解的细节及解决问题的新式方案。我记得母亲的善良，她的拥抱以及她的组织能力，然后思忖她如何在自己繁忙的生活中找到时间读书给我们听。我的弟弟迪帕克是我不离不弃的伙伴，对我荒诞的少年行为他总是如同圣人般耐心。

我的人生接下来一个明确的阶段是在印度接受建筑学的教育，这是一次疯狂的冒险，当时也遇见一群新的朋友，尤其是瓦妮萨，他们在我的生命中留下不可磨灭的印迹，持续影响如今的我。后来我去美国学建筑，在那里遇见许多导师，如果把他们的名字都列出来，名单会很长，但特别要提及的是埃德·柯克布里德和他可爱的妻子卡罗尔，以及我的朋友司徒和萝丝。

作为教育界的建筑师，我在自己的职业生涯道路上已经跋涉快20年了，然而让我能够坚定地走这条路的人是我的妻子乔迪，比起我对自己，她对我更有信心。倘若不是她坚持劝我继续前行，我可能还在纽约市任职政府公务员。对她所做的一切，她坚如磐石的支持，我的感激难以言表。

我的女儿戴尔塔和玛丽卡成为那么棒的人，她们让我感到骄傲，而我的儿子杰克那么睿智，比起我教他的时候，现在他更像是我的老师。我对他们的爱启发了我所做的一切。这样的爱延展到我的孙子阿瑟，他那有感染力的微笑和创造力，让我每次见到他时都自愧弗如。

没有朋友的人生不能称之为人生。首先我要感谢的是才华横溢、富有创新力的建筑师兰迪·菲尔丁。他是我20年友龄的朋友——这段时间里也是我的商业伙伴。他和我如同太极里相辅相成的阴与阳。你们从这本书也能看到他的优秀。

兰迪和我创建了菲尔丁国际，但它的存在是许多人的创意与努力。我们的伙伴杰伊·利特曼、艾萨克·威廉姆斯和詹姆斯·西曼是菲尔丁国际的秘密武器，他们使得公司能够在全球扩大影响。支持菲尔丁国际的还有我们的区域总裁拜平·巴兰德以及整个专业团队，包括吉尔·阿克斯–克莱顿、玛莎·巴拉德、玛瑞莎·博特泰、布莱恩·赵、贾斯汀·迪佩尔、艾伦·达夫、迈克·费舍、查理·盖迪卡、安娜丽斯·格林、卡里什马·格拉迪亚、莱安·格兰姆、克里斯·黑兹尔顿、卡琳·席罗思、萨姆·霍格、盖尔·约翰逊、詹妮弗·拉玛·莱瓦、亚当·拉鲁索、金伯利·莱特、卡瑟琳·马丁、西里斯特·马丁内斯、特拉维斯·彭诺克、格洛丽亚·拉米雷斯、杰西卡·斯特克洛-利普森、慧聪·唐、弗拉德·库斯科夫斯基、丹妮尔·韦茨曼、艾伦·伍德兹拜、麦克·捷格以及萨利·泽斯堡。

多年来理查德·埃尔莫尔都给我带来灵感。他的想法影响了我的思考，而且他对我的工作也带来意义重大的影响。理查德一直慷慨地和我分享他的想法，并和我们一起合作了不少项目，比如科罗拉多博尔德谷的项目就是其中之一。我非常感激理查德同意合著这本书。

人生充满惊喜，在我的人生当中最棒的一个惊喜是这本书的合著者，才华横溢的建筑师罗尼·齐默尔·多克托里。撰写这本书是她的主意，并且也是她提议按"活动、游戏、学习、创造"这个结构编排这本书。罗尼是神奇女侠！她得照顾四个孩子，她的工作需要她在各地奔走，她还得出国跟进各种项目，尽管如此，她却能找出时间撰写这本书，同时为菲尔丁国际提出许多新的创举。我每天都从她身上学到新东西，能够成为她的朋友我感到非常骄傲。

罗尼·齐默尔·多克托里

我想感谢我的父母阿夫纳和贝拉·齐默尔，他们是我人生中的第一位老师，由于他们的教导我才成为如今的我。他们无条件的爱与支持给予了我自由与苗壮成长的空间，因而成长为如今自信的我。我的感激延展到我的两位妹妹艾迪和阿奈特，她们是我人生中的第一位竞争者和批评者，她们现在仍

然对我发出挑战，并且鼓励我要勇敢、有所担当并付出努力，我们以此实现个人价值的同时也与有爱的家人联结在一起。

我想感谢我的丈夫兼搭档默隆，我们四个孩子的父亲，他尽己所能鼓励并协助我写这本书。他的全力支持让我能够在职业生涯里有所进步，并在激动人心的新方向学习和发展。更重要的是，谢谢你，默隆，你是很棒的父亲，谢谢你在家里、在外面指导着孩子。默隆的父母也是老师，他自己也教书多年；一份偶然的工作让我们第一次产生交集，当时我是一名导游，他把我"拉"走，让我体验担任老师富有挑战性却令人享受的经历。这一短暂的教学经历给我提供了许多洞见，让我现在仍然受益。

感谢我可爱的孩子们，玛拉基、丽雅、丹尼尔和茜拉，你们给我的人生带来很多光明和欢乐，17年以来，我每天都从你们这里学会如何成为一位好母亲和更好的人。为人父母带来许多祝福和价值，这些我希望能够回馈给孩子们，让他们成长为独立的思考者，有信心去面对世界。我希望他们成为好人，对社会有所贡献，然后成为我未来孙子孙女的好父母，我的孙辈也将继续在世界上做好事。我们对心中最珍爱的人的爱让我们一直成为更好的人。我爱我的每个孩子，这样的爱成了我人生的驱动力。

从专业和个人的角度，我想感谢建筑师莫妮卡·格莱特，是她最先让我参加学校设计的工作，并且非常专注、耐心地教导我。我欣赏并珍视她的职业能力、她多年工作中积累的知识和经验，她一直以来都面带微笑、带来快乐。

我也想感谢ABT规划者的总裁科比·高金，以及约旦谷办公室主任丹尼·凯达尔，他们让ABT成了我个人成长的孵化器，让我得以选择职业发展的方向。他们关注我迈出的每一步，他们非常耐心而且总是支持我。在他们的帮助下，我能够和菲尔丁国际这家全国知名的大型建筑公司保持合作。

最后而且非常重要的，非常感激普拉卡什·奈尔，这本书的合著者。在我们合作的过程中，奈尔不仅是我的同事也是我的好朋友。虽然我们来自看似不同的世界，普拉卡什和我一路发现许多领域的配合让我们形成强大的联结。尽管我们的背景、语言和文化以及地理距离区隔了我们，但我却能够与这位慷慨的、令人印象深刻的建筑师心有灵犀。他的精神启发了我，让我能够飞跃到新的高度。

最后，我想感谢我在写这本书的旅程中遇见并共事的所有聪明有趣的人，你们带领我走到人生和职业生涯的特殊位置。《密西拿》说："谁是智者？能向每个人都学习的人。"我每天都向所有这些美妙的男士、女士学习令人着迷的新事物，是命运或冥冥之中的引导把他们带入我的人生。相互学习是最令人享受的学习方式之一。对我而言，持续的、从未结束的学习是人生的真谛。在我们的世界里学习、成长、从善。我想这是所有人来到这世上的目的。尽绵薄之力从善，同时永远都是好奇的学习者，这样的精神驱动着我写这本书。

理查德·埃尔莫尔

首先，我想感谢澳大利亚维多利亚教育和早期儿童发展部门的前任副部长达雷尔·弗雷泽，他向我介绍了一批富有创造力、知识渊博的教育工作者和建筑师，正是他们创造了世界上最美丽和创新的学习环境，他们的领导力实现了这样的创造力。也感谢普拉卡什·奈尔，以及菲尔丁·奈尔国际那些令人惊叹的创造才能，谢谢他们允许我跟进一些重要的创新项目，从而了解学习和实体设计之间的美妙关系。最后，谢谢哈佛X团队给我巨大的自主权和无法比拟的创意支持来建设"学习的领导者"这个线上课程，我从中发展出学习模式的四等分框架——尤其感谢莎拉·格拉夫曼，她的突出才华让我做得更好。

"常青藤"书系—中青文教师用书总目录

书名	书号	定价
特别推荐——从优秀到卓越系列		
从优秀教师到卓越教师：极具影响力的日常教学策略	9787515312378	33.80
从优秀教学到卓越教学：让学生专注学习的最实用教学指南	9787515324227	39.90
从优秀学校到卓越学校：他们的校长在哪些方面做得更好	9787515325637	59.90
卓越课堂管理（中国教育新闻网2015年度"影响教师的100本书"）	9787515331362	88.00
名师新经典/教育名著		
最难的问题不在考试中：先别教答案，带学生自己找到想问的事	9787515365930	48.00
在芬兰中小学课堂观摩研修的365日	9787515363608	49.00
马文·柯林斯的教育之道：通往卓越教育的路径（《中国教育报》2019年度"教师喜爱的100本书"，中国教育新闻网"影响教师的100本书"。朱永新作序，李希贵力荐）	9787515355122	49.80
如何当好一名学校中层：快速提升中层能力、成就优秀学校的31个高效策略	9787515346519	49.00
像冠军一样教学：引领学生走向卓越的62个教学诀窍	9787515343488	49.00
像冠军一样教学2：引领教师掌握62个教学诀窍的实操手册与教学资源	9787515352022	68.00
如何成为高效能教师	9787515301747	89.00
给教师的101条建议（第三版）（《中国教育报》"最佳图书"奖）	9787515342665	49.00
改善学生课堂表现的50个方法（入选《中国教育报》"影响教师的100本书"）	9787500693536	33.00
改善学生课堂表现的50个方法操作指南：小技巧获得大改变	9787515334783	39.00
美国中小学世界历史读本/世界地理读本/艺术史读本	9787515317397等	106.00
美国语文读本1-6	9787515314624等	252.70
和优秀教师一起读苏霍姆林斯基	9787500698401	27.00
快速破解60个日常教学难题	9787515339320	39.90
美国最好的中学是怎样的——让孩子成为学习高手的乐园	9787515344713	28.00
建立以学习共同体为导向的师生关系：让教育的复杂问题变得简单	9787515353449	33.80
教师成长/专业素养		
如何更积极地教学	9787515369594	49.00
教师的专业成长与评价性思考：专业主义如何影响和改变教育	9787515369143	49.90
精益教育与可见的学习：如何用更精简的教学实现更好的学习成果	9787515368672	59.00
教学这件事：感动几代人的教师专业成长指南	9787515367910	49.00
如何更快地变得更好：新教师90天培训计划	9787515365824	59.90
让每个孩子都发光：赋能学生成长、促进教师发展的KIPP学校教育模式	9787515366852	59.00
60秒教师专业发展指南：给教师的239个持续成长建议	9787515366739	59.90
通过积极的师生关系提升学生成绩：给教师的行动清单	9787515356877	49.00
卓越教师工具包：帮你顺利度过从教的前5年	9787515361345	49.00
可见的学习与深度学习：最大化学生的技能、意志力和兴奋感	9787515361116	45.00
学生教给我的17件重要的事：带给你爱、勇气、坚持与创意的人生课堂	9787515361208	39.80
教师如何持续学习与精进	9787515361109	39.00
从实习教师到优秀教师	9787515358673	39.90
像领袖一样教学：改变学生命运，使学生变得更好（中国教育新闻网2015年度"影响教师的100本书"）	9787515355375	49.00
你的第一年：新教师如何生存和发展	9787515351599	33.80
教师精力管理：让教师高效教学，学生自主学习	9787515349169	39.90
如何使学生成为优秀的思考者和学习者：哈佛大学教育学院课堂思考解决方案	9787515348155	49.90
反思性教学：一个已被证明能让教师做到更好的培训项目（30周年纪念版）	9787515347837	59.90
凭什么让学生服你：极具影响力的日常教育策略（中国教育新闻网2017年度"影响教师的100本书"）	9787515347554	39.90
运用积极心理学提高学生成绩（中国教育新闻网2017年度"影响教师的100本书"）	9787515345680	59.90
可见的学习与思维教学：成长型思维教学的54个教学资源：教学资源版	9787515354743	36.00

书名	书号	定价
★ 可见的学习与思维教学：让教学对学生可见，让学习对教师可见（中国教育报2017年度"教师最喜爱的100本书"）	9787515345000	39.90
教学是一段旅程：成长为卓越教师你一定要知道的事	9787515344478	39.00
安奈特·布鲁肖写给教师的101首诗	9787515340982	35.00
万人迷老师养成宝典学习指南	9787515340784	28.00
中小学教师职业道德培训手册：师德的定义、养成与评估	9787515340777	32.00
成为顶尖教师的10项修炼（中国教育新闻网2015年度"影响教师的100本书"）	9787515334066	49.90
★ T.E.T.教师效能训练：一个已被证明让所有年龄学生做到最好的培训项目（30周年纪念版）（中国教育新闻网2015年度"影响教师的100本书"）	9787515332284	49.00
教学需要打破常规：全世界最受欢迎的创意教学法（中国教育新闻网2015年度"影响教师的100本书"）	9787515331591	45.00
给幼儿教师的100个创意：幼儿园班级设计与管理	9787515330310	39.90
给小学教师的100个创意：发展思维能力	9787515327402	29.00
给中学教师的100个创意：如何激发学生的天赋和特长/杰出的教学/快速改善学生课堂表现	9787515330723等	87.90
以学生为中心的翻转教学11法	9787515328386	29.00
如何使教师保持职业激情	9787515305868	29.00
★ 如何培训高效能教师：来自全美权威教师培训项目的建议	9787515324685	39.90
良好教学效果的12试金石：每天都需要专注的事情清单	9787515326283	29.90
★ 让每个学生主动参与学习的37个技巧	9787515320526	45.00
给教师的40堂培训课：教师学习与发展的最佳实操手册	9787515352787	39.90
提高学生学习效率的9种教学方法	9787515310954	27.80
★ 优秀教师的课堂艺术：唤醒快乐积极的教学技能手册	9787515342719	26.00
★ 万人迷老师养成宝典（第2版）（入选《中国教育报》"2010年影响教师的100本书"）	9787515342702	39.00
高效能教师的9个习惯	9787500699316	26.00
课堂教学/课堂管理		
极简课堂管理法：给教师的18个精进课堂管理的建议	9787515369600	49.00
★ 像行为管理大师一样管理你的课堂：给教师的课堂行为管理解决方案	9787515368108	59.00
差异化教学与个性化教学：未来多元课堂的智慧教学解决方案	9787515367095	49.90
如何设计线上教学细节：快速提升线上课程在线率和课堂学习参与度	9787515365886	49.00
设计型学习法：教学与学习的重新构想	9787515366982	59.00
让学习真正在课堂上发生：基于学习状态、高度参与、课堂生态的深度教学	9787515366975	49.00
让教师变得更好的75个方法：用更少的压力获得更快的成功	9787515365831	49.00
技术如何改变教学：使用课堂技术创造令人兴奋的学习体验，并让学生对学习记忆深刻	9787515366661	49.00
课堂上的问题形成技术：老师怎样做，学生才会提出好的问题	9787515366401	45.00
翻转课堂与项目式学习	9787515365817	45.00
★ 优秀教师一定要知道的19件事：回答教师核心素养问题，解读为什么要向优秀者看齐	9787515366630	39.00
从作业设计开始的30个创意教学法：运用互动反馈循环实现深度学习	9787515366364	59.00
基于课堂中精准理解的教学设计	9787515365909	49.00
如何创建培养自主学习者的课堂管理系统	9787515365879	49.00
如何设计深度学习的课堂：引导学生学习的176个教学工具	9787515366715	49.90
如何提高课堂创意与参与度：每个教师都可以使用的178个教学工具	9787515365763	49.90
如何激活学生思维：激励学生学习与思考的187个教学工具	9787515365770	49.90
男孩不难教：男孩学业、态度、行为问题的新解决方案	9787515364827	49.00
★ 高度参与的线上线下融合式教学设计：极具影响力的备课、上课、练习、评价项目教学法	9787515364438	49.00
★ 跨学科项目式教学：通过"+1"教学法进行计划、管理和评估	9787515361086	49.00
课堂上最重要的56件事	9787515360775	35.00
★ 全脑教学与游戏教学法	9787515360690	39.00
★ 深度教学：运用苏格拉底式提问法有效开展备课设计和课堂教学	9787515360591	49.90

书名	书号	定价
★ 一看就会的课堂设计：三个步骤快速构建完整的课堂管理体系	9787515360584	39.90
如何有效激发学生学习兴趣	9787515360577	38.00
如何解决课堂上最关键的9个问题	9787515360195	49.00
多元智能教学法：挖掘每一个学生的最大潜能	9787515359885	39.90
★ 探究式教学：让学生学会思考的四个步骤	9787515359496	39.00
课堂提问的技术与艺术	9787515358925	49.00
如何在课堂上实现卓越的教与学	9787515358321	49.00
基于学习风格的差异化教学	9787515358437	39.90
★ 如何在课堂上提问：好问题胜过好答案	9787515358253	39.00
★ 高度参与的课堂：提高学生专注力的沉浸式教学	9787515357522	39.90
让学习变得有趣	9787515357782	39.00
如何利用学校网络进行项目式学习和个性化学习	9787515357591	39.90
基于问题导向的互动式、启发式与探究式课堂教学法	9787515356792	49.00
如何在课堂中使用讨论：引导学生讨论式学习的60种课堂活动	9787515357027	38.00
如何在课堂中使用差异化教学	9787515357010	39.90
★ 如何在课堂中培养成长型思维	9787515356754	39.90
每一位教师都是领导者：重新定义教学领导力	9787515356518	39.90
★ 教室里的1-2-3魔法教学：美国广泛使用的从学前到八年级的有效课堂纪律管理	9787515355986	39.90
如何在课堂中使用布卢姆教育目标分类法	9787515355658	39.00
如何在课堂上使用学习评估	9787515355597	39.00
7天建立行之有效的课堂管理系统：以学生为中心的分层式正面管教	9787515355269	29.90
积极课堂：如何更好地解决课堂纪律与学生的冲突	9787515354590	38.00
设计智慧课堂：培养学生一生受用的学习习惯与思维方式	9787515352770	39.00
追求学习结果的88个经典教学设计：轻松打造学生积极参与的互动课堂	9787515353524	39.00
从备课开始的100个课堂活动设计：创造积极课堂环境和学习乐趣的教师工具包	9787515353432	33.80
老师怎么教，学生才能记得住	9787515353067	48.00
多维互动式课堂管理：50个行之有效的方法助你事半功倍	9787515353395	39.80
智能课堂设计清单：帮助教师建立一套规范程序和做事方法	9787515352985	49.90
提升学生小组合作学习的56个策略：让学生变得专注、自信、会学习	9787515352954	29.90
快速处理学生行为问题的52个方法：让学生变得自律、专注、爱学习	9787515352428	39.00
王牌教学法：罗恩·克拉克学校的创意课堂	9787515352145	38.90
让学生快速融入课堂的88个趣味游戏：让上课变得新颖、紧凑、有成效	9787515351889	39.00
★ 如何调动与激励学生：唤醒每个内在学习者（李希贵校长推荐全校教师研读）	9787515350448	39.80
合作学习技能35课：培养学生的协作能力和未来竞争力	9787515340524	59.00
基于课程标准的STEM教学设计：有趣有料有效的STEM跨学科培养教学方案	9787515349879	68.00
如何设计教学细节：好课堂是设计出来的	9787515349152	39.00
15秒课堂管理法：让上课变得有料、有趣、有秩序	9787515348490	49.00
混合式教学：技术工具辅助教学实操手册	9787515347073	39.80
从备课开始的50个创意教学法	9787515346618	39.00
中学生实现成绩突破的40个引导方法	9787515345192	33.00
给小学教师的100个简单的科学实验创意	9787515342481	39.00
老师如何提问，学生才会思考	9787515341217	49.00
教师如何提高学生小组合作学习效率	9787515340340	39.00
卓越教师的200条教学策略	9787515340401	49.90
中小学生执行力训练手册：教出高效、专注、有自信的学生	9787515335384	49.90
从课堂开始的创客教育：培养每一位学生的创造能力	9787515342047	33.00
提高学生学习专注力的8个方法：打造深度学习课堂	9787515333557	35.00
改善学生学习态度的58个建议	9787515324067	36.00

书名	书号	定价
★ 全脑教学（中国教育新闻网2015年度"影响教师的100本书"）	9787515323169	38.00
★ 全脑教学与成长型思维教学：提高学生学习力的92个课堂游戏	9787515349466	39.00
★ 哈佛大学教育学院思维训练课：让学生学会思考的20个方法	9787515325101	59.90
完美结束一堂课的35个好创意	9787515325163	28.00
如何更好地教学：优秀教师一定要知道的事	9787515324609	49.90
带着目的教与学	9787515323978	39.90
★ 美国中小学生社会技能课程与活动（学前阶段/1-3年级/4-6年级/7-12年级）	9787515322537等	215.70
彻底走出教学误区：开启轻松智能课堂管理的45个方法	9787515322285	28.00
破解问题学生的行为密码：如何教好焦虑、逆反、孤僻、暴躁、早熟的学生	9787515322292	36.00
13个教学难题解决手册	9787515320502	28.00
★ 让学生爱上学习的165个课堂游戏	9787515319032	39.00
美国学生游戏与素质训练手册：培养孩子合作、自尊、沟通、情商的103种教育游戏	9787515325156	49.00
老师怎么说，学生才会听	9787515312057	39.00
快乐教学：如何让学生积极与你互动（入选《中国教育报》"影响教师的100本书"）	9787500696087	29.00
★ 老师怎么教，学生才会提问	9787515317410	29.00
★ 快速改善课堂纪律的75个方法	9787515313665	39.90
★ 教学可以很简单：高效能教师轻松教学7法	9787515314457	39.00
★ 好老师可以避免的20个课堂错误（入选《中国教育报》"影响教师的100本图书"）	9787500688785	39.90
★ 好老师应对课堂挑战的25个方法（《给教师的101条建议》作者新书）	9787500699378	25.00
★ 好老师激励后进生的21个课堂技巧	9787515311838	39.80
★ 开始和结束一堂课的50个好创意	9787515312071	29.80
好老师因材施教的12个方法（美国著名教师伊莉莎白"好老师"三部曲）	9787500694847	22.00
★ 如何打造高效能课堂	9787500680666	29.00
合理有据的教师评价：课堂评估衡量学生进步	9787515330815	29.00
班主任工作/德育		
★ 北京四中8班的教育奇迹	9787515321608	36.00
★ 师德教育培训手册	9787515326627	29.80
中小学教师职业道德培训手册：师德的定义、养成与评估	9787515340777	32.00
好老师征服后进生的14堂课（美国著名教师伊莉莎白"好老师"三部曲）	9787500693819	39.90
优秀班主任的50条建议：师德教育感动读本（《中国教育报》专题推荐）	9787515305752	23.00
学校管理/校长领导力		
★ 哈佛大学教育学院学校创新管理课	9787515369389	59.90
如何构建积极型学校	9787515368818	49.90
卓越课堂的50个关键问题	9787515366678	39.00
如何培养卓越教师：给学校管理者的行动清单	9787515357034	39.00
★ 学校管理最重要的48件事	9787515361055	39.80
重新设计学习和教学空间：设计利于活动、游戏、学习、创造的学习环境	9787515360447	49.90
重新设计一所好学校：简单、合理、多样化地解构和重塑现有学习空间和学校环境	9787515356129	49.00
让樱花绽放英华	9787515355603	79.00
学校管理者平衡时间和精力的21个方法	9787515349886	29.90
校长引导中层和教师思考的50个问题	9787515349176	29.00
如何定义、评估和改变学校文化	9787515340371	29.80
优秀校长一定要做的18件事（入选《中国教育报》"2009年影响教师的100本书"）	9787515342733	39.90
学科教学/教科研		
精读三国演义20讲：读写与思辨能力提升之道	9787515369785	59.90
中学古文观止50讲：文言文阅读能力提升之道	9787515366555	59.90
完美英语备课法：用更短时间和更少材料让学生高度参与的100个课堂游戏	9787515366524	49.00
人大附中整本书阅读取胜之道：让阅读与作文双赢	9787515364636	59.90

书名	书号	定价
北京四中语文课：千古文章	9787515360973	59.00
北京四中语文课：亲近经典	9787515360980	59.00
从备课开始的56个英语创意教学：快速从小白老师到名师高手	9787515359878	49.90
美国学生写作技能训练	9787515355979	39.90
《道德经》妙解、导读与分享（诵读版）	9787515351407	49.00
京沪穗江浙名校名师联手教你：如何写好中考作文	9787515356570	49.90
京沪穗江浙名校名师联手授课：如何写好高考作文	9787515356686	49.80
人大附中中考作文取胜之道	9787515345567	59.90
人大附中高考作文取胜之道	9787515320694	49.90
人大附中学生这样学语文：走近经典名著	9787515328959	49.90
四界语文（入选《中国教育报》2017年度"教师喜爱的100本书"）	9787515348483	49.00
让小学一年级孩子爱上阅读的40个方法	9787515307589	39.90
让学生爱上数学的48个游戏	9787515326207	26.00
轻松100课教会孩子阅读英文	9787515338781	88.00
情商教育/心理咨询		
给大人的关于儿童青少年情绪与行为问题的应对指南	9787515366418	89.90
教师焦点解决方案：运用焦点解决方案管理学生情绪与行为	9787515369471	49.90
9节课，教你读懂孩子：妙解亲子教育、青春期教育、隔代教育难题	9787515351056	39.80
学生版盖洛普优势识别器（独一无二的优势测量工具）	9787515350387	169.00
与孩子好好说话（获"美国国家育儿出版物（NAPPA）金奖"）	9787515350370	39.80
中小学心理教师的10项修炼	9787515309347	36.00
别和青春期的孩子较劲（增订版）（入选《中国教育报》"2009年影响教师的100本书"）	9787515343075	39.90
100条让孩子胜出的社交规则	9787515327648	28.00
守护孩子安全一定要知道的17个方法	9787515326405	32.00
幼儿园/学前教育		
幼儿园室内区域活动书：107个有趣的学习游戏活动	9787515369778	59.90
幼儿园户外区域活动书：106个有趣的学习游戏活动	9787515369761	59.90
中挪学前教育合作式学习：经验·对话·反思	9787515364858	79.00
幼小衔接听读能力课	9787515364643	33.00
用蒙台梭利教育法开启0～6岁男孩潜能	9787515361222	45.00
德国幼儿的自我表达课：不是孩子爱闹情绪，是她/他想说却不会说！	9787515359458	59.00
德国幼儿教育成功的秘密：近距离体验德国学前教育理念与幼儿园日常活动安排	9787515359465	49.80
美国儿童自然拼读启蒙课：至关重要的早期阅读训练系统	9787515351933	49.80
幼儿园30个大主题活动精选：让工作更轻松的整合技巧	9787515339627	39.80
美国幼儿教育活动大百科：3-6岁儿童学习与发展指南用书 科学/艺术/健康与语言/社会	9787515324265等	600.00
蒙台梭利早期教育法：3-6岁儿童发展指南（理论版）	9787515322544	29.80
蒙台梭利儿童教育手册：3-6岁儿童发展指南（实践版）	9787515307664	33.00
自由地学习：华德福的幼儿园教育	9787515328300	49.90
赞美你：奥巴马给女儿的信	9787515303222	19.90
史上最接地气的幼儿书单	9787515329185	39.80
教育主张/教育视野		
重新定义学习：如何设计未来学校与引领未来学习	9787515367484	49.90
教育新思维：帮助孩子达成目标的实战教学法	9787515365848	49.00
学习是如何发生的：教育心理学中的开创性研究及其实践意义	9787515366531	59.90
父母不应该错过的犹太人育儿法	9787515365688	59.00
如何在线教学：教师在智能教育新形态下的生存与发展	9787515365855	49.00
正向养育：黑幼龙的慢养哲学	9787515365671	39.90

书名	书号	定价
颠覆教育的人：蒙台梭利传	9787515365572	59.90
如何科学地帮助孩子学习：每个父母都应知道的77项教育知识	9787515368092	59.00
学习的科学：每位教师都应知道的99项教育研究成果（升级版）	9787515368078	59.90
学习的科学：每位教师都应知道的77项教育研究成果	9787515364094	59.00
真实性学习：如何设计体验式、情境式、主动式的学习课堂	9787515363769	49.00
哈佛前1%的秘密（俞敏洪、成甲、姚梅林、张梅玲推荐）	9787515363349	59.90
基于七个习惯的自我领导力教育设计：让学校育人更有道，让学生自育更有根	9787515362809	69.00
终身学习：让学生在未来拥有不可替代的决胜力	9787515360560	49.90
颠覆性思维：为什么我们的阅读方式很重要	9787515360393	39.90
如何教学生阅读与思考：每位教师都需要的阅读训练手册	9787515359472	39.00
成长型教师：如何持续提升教师成长力、影响力与教育力	9787515368689	48.00
教出阅读力	9787515352800	39.90
为学生赋能：当学生自己掌控学习时，会发生什么	9787515352848	33.00
如何用设计思维创意教学：风靡全球的创造力培养方法	9787515352367	39.80
如何发现孩子：实践蒙台梭利解放天性的趣味游戏	9787515325750	32.00
如何学习：用更短的时间达到更佳效果和更好成绩	9787515349084	49.00
教师和家长共同培养卓越学生的10个策略	9787515331355	27.00
★ 如何阅读：一个已被证实的低投入高回报的学习方法	9787515346847	39.00
★ 芬兰教育全球第一的秘密（钻石版）（《中国教育报》等主流媒体专题推荐）	9787515359922	59.00
世界最好的教育给父母和教师的45堂必修课（《芬兰教育全球第一的秘密》2）	9787515342696	28.00
★ 杰出青少年的7个习惯（精英版）	9787515342672	39.00
杰出青少年的7个习惯（成长版）	9787515335155	29.00
★ 杰出青少年的6个决定（领袖版）（全国优秀出版物奖）	9787515342658	49.90
★ 7个习惯教出优秀学生（第2版）（全球畅销书《高效能人士的七个习惯》教师版）	9787515342573	39.90
学习的科学：如何学习得更好更快（入选中国教育网2016年度"影响教师的100本书"）	9787515341767	39.80
杰出青少年构建内心世界的5个坐标（中国青少年成长公开课）	9787515314952	59.00
★ 跳出教育的盒子（第2版）（美国中小学教学经典畅销书）	9787515344676	35.00
夏烈教授给高中生的19场讲座	9787515318813	29.00
★ 学习之道：美国公认经典学习书	9787515342641	39.00
★ 翻转学习：如何更好地实践翻转课堂与慕课教学（中国教育新闻网2015年度"影响教师的100本书"）	9787515334837	32.00
★ 翻转课堂与慕课教学：一场正在到来的教育变革	9787515328232	26.00
翻转课堂与混合式教学：互联网+时代，教育变革的最佳解决方案	9787515349022	29.80
翻转课堂与深度学习：人工智能时代，以学生为中心的智慧教学	9787515351582	29.80
★ 奇迹学校：震撼美国教育界的教学传奇（中国教育新闻网2015年度"影响教师的100本书"）	9787515327044	36.00
★ 学校是一段旅程：华德福教师1-8年级教学手记	9787515327945	49.00
★ 高效能人士的七个习惯（30周年纪念版）（全球畅销书）	9787515360430	79.00

您可以通过如下途径购买：

1. 书　　店：各地新华书店、教育书店。
2. 网上书店：当当网（www.dangdang.com）、天猫（zqwts.tmall.com）、京东网（www.jd.com）。
3. 团　　购：各地教育部门、学校、教师培训机构、图书馆团购，可享受特别优惠。
　　购书热线：010-65511272 / 65516873